阳台种菜全攻略

编者的话：没有属于自家的菜地？没有大院子？没有天台露台？别灰心，哪怕只有小小的阳台，我们也能让它绿意盎然，让我们一起来开始阳台种菜之旅吧！

97.84%网友表示愿意成为阳台种养族

“种花好，种菜更好”。花种得好，可以欣赏；菜种得好，不但可以吃上自己种的无公害蔬菜，而且翠枝绿叶和硕果累累，可以成为一道美景。可是生活在高楼林立中的城里人没有大片的土地，怎么种菜呢？没关系，小小阳台其实也是种菜的好地方。本书将为您一一介绍阳台种菜的知识、方法和窍门，以及阳台适合种什么种类的蔬菜。

阳台种菜注意事项

一是要根据个人喜好和需求而定；二是要考虑自家阳台的环境条件适合栽种哪些蔬菜。一般说来，如果空间允许，大多数瓜果蔬菜都可在阳台上栽种。阳台的光照条件（朝向）和温度条件（封闭情况）则决定了阳台的种菜种类。

阳台种菜多年，收获的不仅是菜，还有心情、快乐、菜友们！

· 部分内容引用自网络资料。特此说明表示感谢。

新手种植必知

磨刀不误砍柴工！阳台种菜前，你需要先学习一些种植的基础知识。正确的种植方法会增加你的种植成功率！希望你能成为一个阳台种植高手，小小阳台，方寸之间，也是大有学问！

1 植物播种方法详解

育苗建议选用穴盘育苗，不要直接播在地里。直接播在地里，土壤要消毒，否则土传病虫害较多，影响发芽…[详细]

2 常见蔬菜种植指南

每种蔬菜的成熟期都不太一样，在这本书里具体给大伙讲讲能在阳台种的每一种蔬菜的种植方法，大伙可以跟据自己想种的对照着做……[详细]

3 厨余作堆肥省钱又环保

厨余是制作有机肥的最好原料，既可以减少家中垃圾量，同时可不用再花钱买化学肥料…[详细]

4 有机肥施肥方法

育完苗后，就需要把壮壮的小苗移植到较大的种植容器中，在移栽的过程中需要把有机肥做为基肥预先上好…[详细]

5 阳台种菜全攻略

阳台种菜肯定和在田地里种菜有所不同，需要注意阳台的朝向、面积、种植基质等因素，需要我们来挑选最适合自己种的菜…[详细]

6 菜壮肥很重要

好多菜友问我："为什么你家的菜看起来比我家的壮很多？"其实菜长得好不好关键在于土够不够肥,你有没有给它上基肥、有没有定期地追肥！另外就是要有足够阳光…[详细]

7 播种还是要跟季节走

虽说阳台上种菜时间限制会少些，但最好还是根据时节种植各种蔬菜，详细请见：各种蔬菜的具体播种时间表…[详细]

8 教你在家发芽苗菜

许多种子都可以不用泥土来发芽，比如绿豆、豌豆、黄豆、萝卜、香椿等种子。这些都可以用来发芽菜！在家自己发芽菜又干净又简单！在这里手把手教你发芽菜的方法！…[详细]

新手需知：阳台能种啥

说说阳台种菜的环境：所谓阳台的环境条件，最主要就是阳台朝向和阳台封闭情况。朝向决定着阳台的光照条件，而阳台封闭情况则决定了阳台的温度条件。全封闭阳台冬季温度也较高，所受温度限制较小，可选择的蔬菜范围也比较广，基本一年四季都可栽种蔬菜。

黄瓜
生长周期：60天左右

青菜
生长周期：30～40天

辣椒
生长周期：60～80天

生菜
生长周期：30天左右

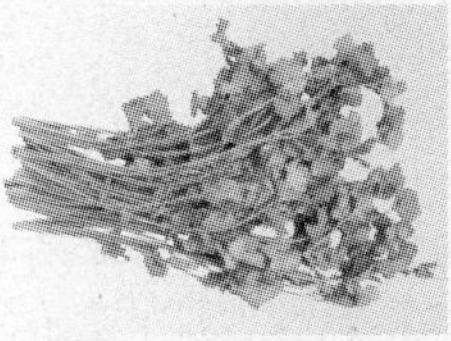
香菜
生长周期：60～90天

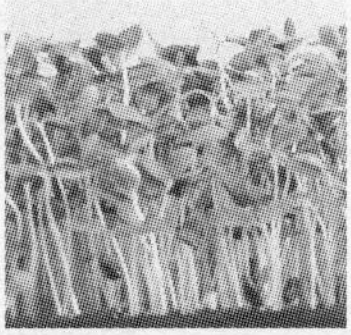
芽菜
生长周期：1周左右

樱桃萝卜
生长周期：30天左右

韭菜
生长周期：60天左右

阳台种菜必备八件利器

No. 001
有机肥：菜无肥不肥

No. 002
有机土：好的土壤有助蔬菜成长

No. 003
育苗穴盘：一颗种子播一穴，更易管理

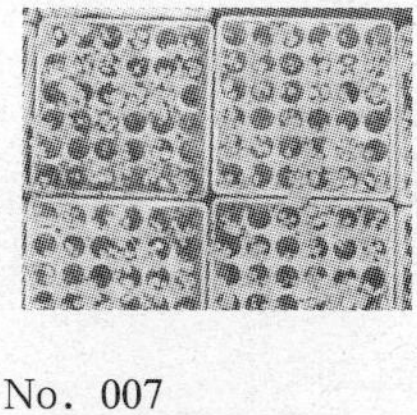

No. 004
种菜盆：根据种的种类选择盆的大小

No. 005
小喷壶：制造降雨的小环境

No. 006
好的种子：请去正规种子公司购买

No. 007
种菜工具三件套：最小号够家用

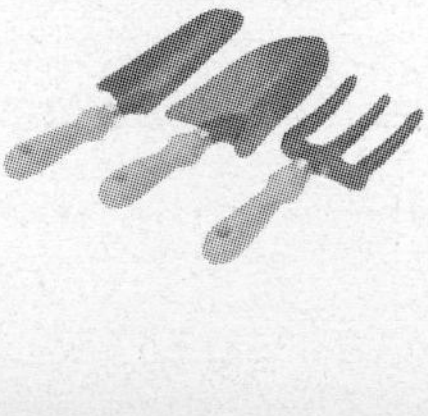

No. 008
恒心：最重要的是勤劳！

我种菜我快乐

2012

阳台种菜

现实生活的

开心农场

阳台小天地

阳台族用来种菜的器具繁多，几乎任何类型的容器都可用来种菜…详细>>

看着都流口水的露台菜园

纯天然绿色无污染，而且不用农药，省钱、省力…详细>>

屋顶菜园

我家的屋顶就是我家的菜地，种的菜吃不完…详细>>

自家阳台上的美景美食

辣椒、番茄、黄瓜硕果累累啊…详细>>

种在花盆里的生菜

漂亮的花盆，种着翠绿的生菜，一样很美…详细>>

天台小菜园

我家就是用泡沫箱和小木箱拼出了小菜园…详细>>

王久兴　王建华　李沫　编著

图说阳台种菜

中国农业出版社

内容提要

本书以图示的形式介绍了利用各种适于阳台环境的小型栽培装置，通过有土或无土的栽培方式，在以阳台为主的生活空间种植蔬菜，以获得洁净蔬菜产品，并美化环境的家庭园艺技术。包括家庭营养土配制、有机肥沤制、常见病虫经验防治、主要蔬菜管理等有土栽培技术，以及营养液配制、各种栽培装置制作、蔬菜无土育苗与定植管理、蔬菜肥水管理等无土栽培技术与芽苗菜生产等内容。选材新颖，图文并茂，实用性强，便于操作。可供家庭园艺爱好者、中小学实践课程教师、农业观光园技术人员、都市农业从业人员以及农林院校师生学习参考。

前言

阳台种菜就是通过土壤或无土的栽培方式，利用各种栽培容器或装置，在以阳台为主（包括庭院、居室、厅堂、走廊等）的空间种植蔬菜的一种家庭园艺形式。这种新颖的都市农业形式，既可生产出洁净蔬菜，满足城镇居民对放心蔬菜的迫切需求，又能美化生活环境，陶冶情操，时尚而又实用。

我国食品安全的形势不容乐观，就蔬菜而言，一方面，由于部分菜农或生产单位栽培技术进步缓慢，盲目追求产量，不合理地加大施肥量，加之病虫抗性增强与滥用农药的恶性循环，导致很多蔬菜产品并不安全；另一方面，随着人民生活水平的提高，越来越重视健康、安全，而且，住房条件改善后，一般家庭都有较大的阳台，从而使阳台种菜这种都市农业方式风靡全国，出现了很多在自己阳台辛勤耕耘的新型“菜农”。相对从市场购菜而言，人们更热衷于足不出户地食用自己种植的新鲜、洁净的绿色蔬菜，也更乐于体会那种劳动和收获的喜悦。

阳台种菜，还有很多奇妙的功能。通过选择适宜的蔬菜种类或品种，采用适宜的栽培方式，再加上独具匠心的摆放，就能使其具有较高的观赏价值，发挥装点居住、生活和工作环境的作用。例如，盆栽的五彩椒、樱桃番茄、羽衣甘蓝、金银茄等蔬菜，其美丽程度并不比花卉逊色。用各种立柱栽培的蔬菜，形式新颖，造型独特，能使室内生机盎然。阳台蔬菜栽培涉及生物、农业、生理等学科的一些基本原理，对于经历简单，生活单调的城市孩子来讲，阳台上的小菜园就像一本活的教科书，可以培育孩子的观察、理解、分析、操作等能力。

当前，由于条件和知识的限制，广大阳台种菜爱好者多采用土壤栽培的方式在阳台种菜，市售相关书籍也多是阐述这类技术。虽然土壤栽培具有成本低、简单易行的优点，但缺点是土壤搬运不便，比较笨重，洁净度差，产量和品质一般，管理不便。为此，本书在介绍土壤栽培技术的同时，着重介绍适宜阳台种菜采用的小型化无土栽培技术，其装置轻便美观，易于搬运，技术科学，所种植蔬菜生长整齐，营养物质均衡，产量高，品质好，具有土壤栽培不可比拟的优越性。学会简易的无土栽培技术，能将广大阳台种菜爱好者的技术水平提高到一个新的层次。

阳台种菜虽然需要一定的知识和技术，但并不像人们想象的那么神秘、困难。本书通过丰富的资料，以图文并茂的方式，通俗易懂的语言，阐述阳台种菜的基本步骤和关键技术环节，突出实用性和可操作性，争取让读者一看就懂，一学就会，一做就成。只要读者详细阅读本书，并认真操作，您的阳台一定能呈现出一派春意盎然、独具特色的新气象，您也将在都市的喧嚣中体会到一种田园牧歌式的生活情趣。

因笔者水平所限，书中难免有错误、疏漏之处，敬请读者指正。

王久兴

2011年11月

目录

前言

一、阳台利用

（一）环境调控

1. 光照调控　朝南的阳台可从东、西、南三个方向进光，未封闭阳台光照强度与外界基部一致，封闭阳台相当于小型温室，光照强度虽有减弱，但足以满足一般蔬菜需要。阳台种菜只需注意夏季遮光和处理不良光质。其他朝向的阳台或室内空间，则需要通过适当的移放让蔬菜获得尽量多的光照。通常，蔬菜每天只有获得一定量的直射阳光才能满足生长需要，如果长期处于只有散射光的室内空间，即使感觉比较明亮，蔬菜也会因光照不足而生长不良。

（1）夏季适度遮光　在高温强光的夏季，阳台上的光照强度往往超过蔬菜的生长需求，反而抑制蔬菜的生长，尤其是对于一些耐阴的蔬菜，如生菜、芹菜，光照过强不仅抑制生长，而且还会使蔬菜中纤维素的含量增加，食用时口感变差。因此，在夏季要适当遮光。遮光的方法很多，最简单易行的方法是覆盖遮阳网，黑色遮阳网的遮光率为40％～60％，可覆盖油菜、生菜、芹菜等；夏季在阳台生产芽菜时，必须覆盖黑色遮阳网；银灰色遮阳网的遮光率为 30％～40％，可覆盖黄瓜、番茄、辣椒等；要求遮光率较低时，可覆盖遮光率为 15％～25％的白色塑料窗纱。

散射光中含 50%~60%的红橙光，有利于蔬菜的生长；而中午的直射光中，只含 37%的红橙光，光质不如散射光好。

一年中不同时期的阳光照射角度不同，夏季阳光入射角高，遮光

时只需遮住阳台的上部四周即可，而无需全部遮住。其优点是中午前后遮光重，早晚遮光轻，可使蔬菜在早晨和傍晚多接受散射光（图 1-1、图 1-2）。

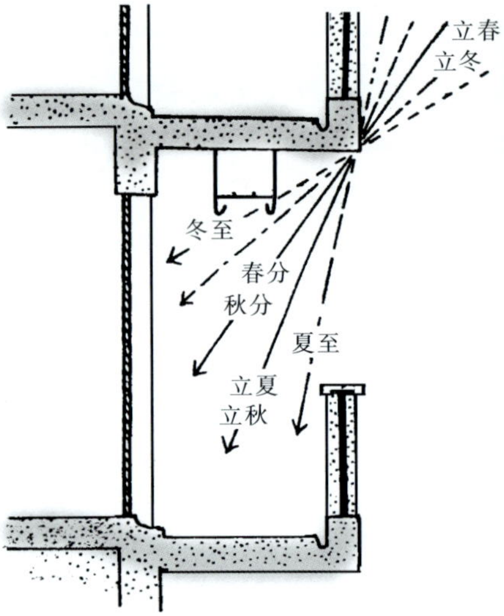

图 1-1　不同季节正午阳台日照图

图 1-2　覆盖遮阳网降低光强

（2）调整蔬菜种类与栽培方式　可以通过不同蔬菜组合实现相互遮光。比如，在阳台上搭棚架栽培黄瓜、葫芦、丝瓜、苦瓜等蔓性蔬菜，利用蔬菜的枝叶遮阴，在架下栽培不耐强光的蔬菜，在遮光最重的位置，可生产芽菜。

还可以通过合理摆放，让蔬菜各得所需。栽培番茄、黄瓜等果菜时，最好采用盆栽的方式，每天移动位置见直射光。对于有栏杆或矮墙的阳台，上部的光照强，底部的光照弱，可在底层空间栽培芽苗菜、生菜，上部空间栽培黄瓜、番茄等蔬菜。朝向西、北、东三个方向的阳台，虽然直射光少，但足以满足叶菜类蔬菜（如生菜、芹菜等）的生长需要，尤其适宜芽菜栽培。

再有，不同季节可以栽培不同适应性的蔬菜。夏季，耐高温、强光的蕹菜、落葵等无需进行覆盖，反而生长良好。

(3) 光质问题 对于封闭阳台，最突出的是光质问题。太阳光是由各种波长的光组成的，阳光透过玻璃后，各种波长的光所占的比例会发生变化，即光质发生变化，主要表现在紫外线减少。对蔬菜来讲，紫外线有抑制徒长，降低植株高度的作用，紫外线不足时，对果菜类影响最大，其植株容易徒长，节间变长，坐果数减少。在不能开窗的低温季节栽培果菜类时，这一问题更为突出。

对此，可将封闭阳台用的普通玻璃换成对紫外线透过率较高的专用玻璃，但这种玻璃价格较高。另一种方法是适时地喷一些生长抑制剂，如矮壮素、多效唑、矮丰灵等。

2. 温度调控 温度对蔬菜的生长发育影响最大，蔬菜的种类和起源不同，对温度的要求也不相同。

对于开放阳台来讲，温度随外界的气温变化而变化。因此，只能根据季节变化选择蔬菜种类，对于相对耐寒的蔬菜，如青蒜、生菜、芹菜、甘蓝、菊苣等，每年可栽培的时间为 4 月初至 10 月底，对于喜温暖环境的蔬菜，如黄瓜、番茄、辣椒等，每年的栽培时间为 4 月下旬至 10 月上旬。如果用自制的塑料薄膜罩将蔬菜扣住，春季栽培时间可提前 20 天，秋季可延后 20 天。

栽培时，首先要根据所要栽培蔬菜对温度的不同要求，确定栽培季节，而后可以以这个栽培时期为基础，通过覆盖薄膜保温或覆盖遮阳网降温将栽培期提前或延后。

栽培过程中，可通过浇水、浇营养液调节温度。比如，冬季可将水或营养液放在室内，使之与室温相同，20℃左右，而后浇灌，这样可提高蔬菜根系周围的温度，不仅有利于根系的生长，也有利于茎叶的生长。

对于封闭的阳台，其环境就如同一个小温室，如果有暖气等加温设备，只要保证冬季的最低温度在8℃以上，就能满足几乎所有蔬菜的需求。

3. 湿度调控 北方封闭的阳台有门同居室相连，致使空气较为干燥，对于多数蔬菜来讲，空气湿度明显偏低，尤其在冬季和早春，这一问题更突出。

提高湿度的方法很多，首先平时要关闭阳台与居室之间的门，使阳台成为一个相对封闭的具有较高湿度的小环境。冬、春季节，可用喷雾器在阳台上喷水增湿。必要时可用塑料薄膜作一个罩，扣在蔬菜上，保持湿度。生产芽苗菜时，要用塑料薄膜将整个栽培架围起来，每天还要喷几次水，以提高空气湿度，否则芽苗菜纤维含量高，食用品质差。

（二）蔬菜陈放

陈放是指栽培蔬菜的盆、槽、盘、柱的陈列和摆放。陈放时既要考虑蔬菜对光照的要求，有利于蔬菜的生长，又要能充分合理地利用空间，同时还要考虑到阳台蔬菜栽培的观赏性，讲究美观、大方、协调。

1. 悬挂盆架　盆架有多种，可用钢筋焊接制作，也可用木制品，可作成圆柱形、方形等多种形状，要求稳固美观。还可从市场上购买用冷拔丝编织的筛网，筛网的长度依据栽培空间自定，在墙上钉几根水泥钢钉，将筛网固定的上面，而后，将盆栽蔬菜悬挂于其上（图1－3、图1－4）。这种方式观赏性强，适宜陈放盆栽的矮生蔬菜，如五彩珍珠椒、苦苣、菊苣、生菜、羽衣甘蓝、矮生番茄等。所用的花盆多选用专用的塑料吊盆。

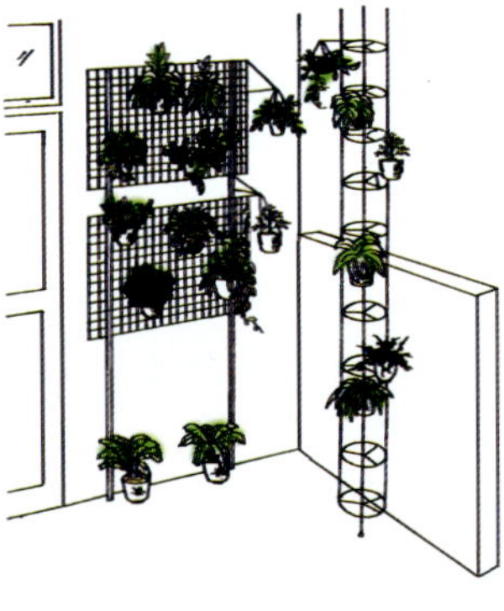

图1－3　悬挂盆架

图1－4　将种植盆用挂架悬挂在围栏上

2. 阳台外“飞地”　为了弥补阳台空间及可利用面积小的缺陷，可在阳台栏杆外架设向外伸展的板块或钢筋架，形成栏杆外的“飞地”，用以放置盆栽蔬菜。这种“飞地”光照好，又能承接雨露，但必须牢固安全（图1－5、图1－6）。

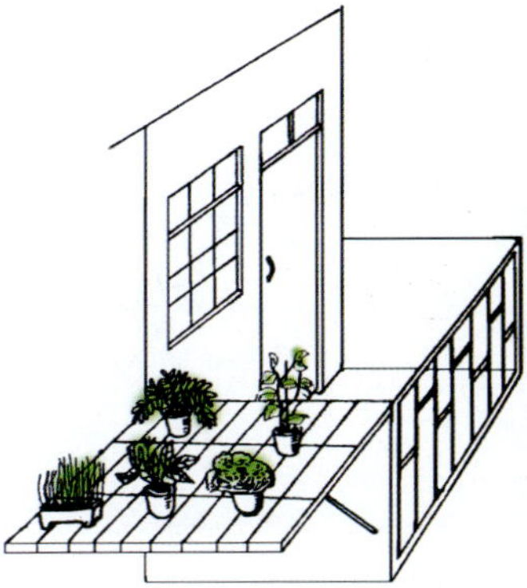

图 1-5　阳台飞地示意图

图 1-6　飞地的利用（李复生图）

3. 梯架　在阳台上安放木质梯架，也可用三角铁、钢管、钢筋制作梯架。梯架较高的一端在阳台的西侧，其上放置栽培容器，无土栽培时墙上可悬挂贮液箱，营养液或清水在重力的作用下，通过滴灌管灌溉蔬菜。也可用类似的结构进行蔬菜深水培，用水泵供营养液。梯架底下的空间黑暗、潮湿，可用于栽培蒜黄或生产芽菜（图 1-7、图 1-8、图 1-9）。

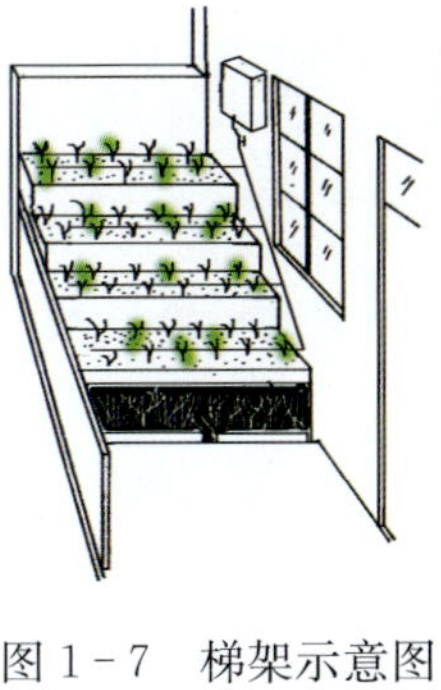

图 1-7　梯架示意图

图 1-8　梯加上栽培容器摆放

图 1-9　可折叠梯架

4. 遮阴棚架　指能遮住顶部阳光的棚架。对于开放阳台可在顶部搭棚架，栽一盆苦瓜、丝瓜、葫芦等蔬菜，只需几株，即可爬满整个架面，这种棚架又称遮檐棚架。对于宽大的露台，可搭建拱形棚架，在棚架下还可栽培其他蔬菜（图 1-10、图 1-11）。

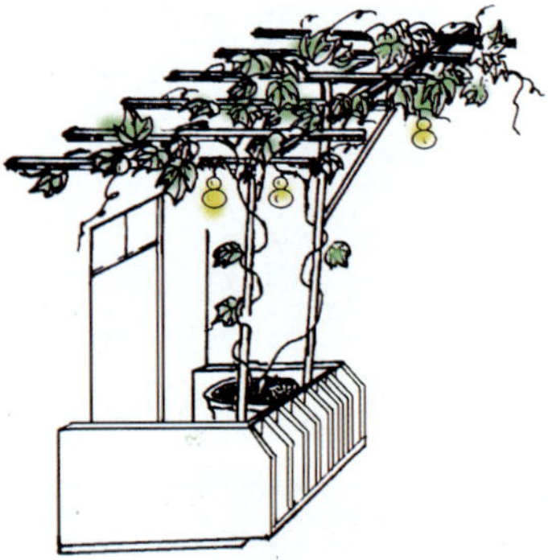

图 1－10　遮檐棚架示意图

图 1－11　利用棚架栽培苦瓜进行遮阴

5. 屏障棚架　用于未封闭的阳台，在阳台前部树立支柱，立柱的多少根据个人对遮阴的要求而定。在立柱旁放置盆栽蔬菜，要选择那些攀缘性强的蔬菜种类，如落葵、丝瓜、黄瓜、苦瓜、南瓜、葫芦等（图 1－12、图 1－13）。

图 1－12　屏障棚架示意图

图 1－13　阳台上的屏障棚架蔬菜

6. 围栏棚架　以阳台栏杆为蔬菜攀缘载体，或利用栏杆辅助固定蔬菜支架，栽培效果似屏障棚架，但略低矮。比如，在阳台的一角用木板钉制或砖砌一个高 20 厘米左右的方形槽，加入基质，将蔬菜定植在槽内，让蔬菜在阳台的围栏上攀缘。为提高阳台的空气湿度，也可在槽内铺 10 厘米厚的炉渣，浇透水，将长有蔬菜的花盆放置在炉渣上，以后经常浇水，保证炉渣湿润。这样可使阳台的小环境湿度增加，适宜蔬菜生长（图 1－14、图 1－15）。

图 1－14　围栏棚架示意图

图 1－15　利用栏杆固定黄瓜支架

7. 层叠支架　支架形状类似普通书架，分 2～4 层，每层都放置蔬菜栽培容器，通过分层放置提高空间利用率。需要注意的是，层与层之间的距离要足够大，以免上层蔬菜对下层蔬菜遮光而影响其生长（图1－16、图 1－17）。

图 1－16　阳台南侧两层栽培架

图 1－17　多层组装式栽培架

8. 台面陈放 采用各种材料做成支架，高度1米左右，目的是让蔬菜接受更多阳光，避免或减轻阳台围栏造成的遮阴，而且操作方便。栽培架下面的阴暗、潮湿空间可用来生产芽菜或蒜黄（图1-18、图1-19）。此外，也可将栽培容器放在窗台上或围栏上。

图1-18 垫高的蔬菜栽培箱

图1-19 阳台边缘的支架上摆放栽培箱

9. 地面陈放 这种方法最为简单，不对阳台空间进行立体利用，直接将栽培容器摆放在阳台地面上。通常具有透光围栏的阳台采用这种方式（图1-20）。注意摆放时要避免凌乱，从而充分利用阳光，对于番茄、南瓜这样的大株蔬菜，可以摆放在北侧靠墙位置（图1-21）。

图1-20 整齐摆放于阳台地面

图1-21 大株蔬菜靠北侧摆放

（三）蔬菜组合

蔬菜组合是指通过艺术配置的手法，将不同种类的蔬菜种植在同一容器里，或将种植不同蔬菜的容器摆放在同一阳台上，通过组合设计使之从单株蔬菜提升为艺术作品。与单株或单盆蔬菜相比，蔬菜组合除了观赏性增强外，通常具有更强的生命活力，以及更持久的观赏效果。

1. 阳台空间组合 为了充分利用立体空间，将不同蔬菜，或蔬菜与果树、花卉组合。蔬菜之间保留适当的空间，整体组合不宜有拥塞之感，以保证日后蔬菜长大时有充足的生长环境，也让欣赏者有发挥自由想象的余地。这样，通过合理布局，既能利用空间，又有赏心悦目的效果（图 1－22）。

2. 蔬菜色彩组合 多数蔬菜呈现绿色，但有深浅不同的色差，也有的蔬菜呈现紫色、红色等色泽。蔬菜色彩配置，通常确定绿色为主色调，并考虑其空间色彩的协调、对比及层次的变化，还要配合季节、场地背景及所用器皿，通过选择适宜的材料，以达到预期的效果。可根据容器和蔬菜植株的大小来确定蔬菜数量，一般小盆 2～3 种配合，中盆 3～5 种配合，大盆花 5～7 种配合。通过栽培组合，使色彩产生由浓渐淡或由淡渐浓的变化，能形成色彩丰富的效果，如同栽培花卉一般（图 1－23）。

图 1－22 番茄与葡萄组合

图 1－23 各种蔬菜形成丰富的色彩组合

3. 蔬菜高矮组合 同一个容器中可以栽培高、矮不同的多种蔬菜，要求整体平衡，层次分明，结构和造型要稳重，通过蔬菜植物高低错落起伏，体积由大到小或由小到大的变化，产生层次感和动感，使蔬菜组合富于节奏与韵律。栽培容器的高矮、大小也要与所配置的蔬菜相协调（图 1－24）。

4. 采收期组合 一个阳台上，或同一个栽培容器中，可以根据采收期种植不同种类的蔬菜。通常叶菜类的蔬菜从播种到采收时间短，生长期也短，多数可连续采收；果菜类蔬菜从播种到采收时间长，连续结果，可以连续采收。因此，可以将叶菜与果菜、果菜与果菜进行组合，通过计划，做到时时有菜可收（图 1－25）。

图 1－24 不同高度蔬菜组合栽培

图 1－25 不同采收期蔬菜组合栽培

二、土壤栽培

（一）栽培容器

1. 可移动容器 指种植盆、种植袋或种植箱，这类容器比较小，可搬运。选择时既要考虑蔬菜与其大小相适应，又要考虑蔬菜与其在形状和色泽上的协调性，还要考虑各种容器的质地、性能。目前，常用的可移动栽培容器有以下几类：

（1）**素烧盆** 即泥瓦盆，是最常用的种植容器，可分为红盆和灰盆两种。有各种规格，最小的直径约10厘米，一般为14～33厘米，大的达39～59厘米。素烧盆通气排水性能良好，有利于蔬菜生长。不足之处是粗糙不雅，因此栽培时应尽量采用小一些的盆，以便在室内摆放时能放置到略大一点的套盆内，弥补不足之处。

（2）**塑料盆** 也称塑胶盆。塑料盆容积大小不一，形状各异，轻便美观，色彩鲜艳，但其通气性差，不利于蔬菜生长，因此对土壤透气性要求强。塑料盆形状各异，有圆形、方形，还有各种艺术形状。阳台种菜一般选用口大底小，带有托盘的长方形塑胶盆，适宜的规格为深15厘米左右，长50厘米左右，宽20厘米左右。配合铁质挂架使用，可悬挂于阳台的围栏上（图2-1、图2-2）。

（3）**紫砂盆** 多数紫砂盆上刻有各种花草图案，式样繁多，色彩调和，古朴雅致，具古玩美感，比较适合栽培观赏用的小型叶菜，如苦苣、叶菾菜、香芹、落葵、芫荽、紫叶生菜等。这种盆的缺点是排水透气性能稍差。

（4）**釉盆** 釉盆质地坚硬，色彩华丽，但排水通气性能差，常作为套盆使用，也可直接用于栽培高大蔬菜，但必须配以疏松的多孔隙基质，

图 2-1　带托盘的塑料种植盆

图 2-2　种植盆与挂架配合使用

否则植株生长不良。

（5）木箱　用木板为材料自制，或由木质包装箱改装成种植箱，可为方形、梯形等，其规格可据实际需要而定，还可带支架。外表可漆以不同色彩，以提高使用寿命，主要与蔬菜色彩相协调（图 2-3）。

图 2-3　木箱为容器栽培根莙菜

图 2-4　泡沫箱为容器栽培叶莙菜

（6）泡沫箱　聚苯乙烯泡沫塑料箱是较为理想的栽培容器，价格低廉，隔热性好，夏季使用土壤温度不易升高，重量轻，易于搬运。泡沫箱的深度要达到 10～20 厘米，相当于土壤耕层深度。栽培大株蔬菜，如黄瓜、甜瓜等瓜类蔬菜，或番茄、辣椒、茄子等茄果类蔬菜时，应选用深度 20 厘米以上的泡沫箱。栽培小株蔬菜，如小白菜、油菜等白菜类和芹菜、蕹菜、叶莙菜等绿叶菜类蔬菜可选用深 10 厘米左右的泡沫箱。长、宽以便于搬运和摆放为宜，太大的箱子盛土多，搬运时容易损坏箱壁。种菜之前，要在泡沫箱侧壁上距离底部 5 厘米处钻 1 个直径 1 厘米的排水孔，使浇水后多余水分由此流出，以防因箱中积水“沤根”（图 2－4）。

（7）**种植袋** 由聚乙烯材质制作而成，抗紫外、防腐、防漏、防晒、耐热、耐冻。可根据需要选择规格，较大的栽培袋长度可达 100 厘米，深度可达 40 厘米。种植袋上口边缘可插入木棍防止变形。种植袋侧面下方有排水孔（图 2－5、图 2－6）。

图 2－5 种植袋及其排水孔

图 2－6 种植袋栽培蔬菜效果

（8）**塑料种植箱** 采用聚丙烯材料制作，掺以防紫外线成分，可以保证在开放阳台使用。有的种植箱长 60 厘米，宽 45 厘米，高 50 厘米，可通过底盘、上框、长侧板、短侧板、支杆、支脚、上盖、接扣、长横杆、短横杆等标准构件组合而成。并可以进一步组合形成大小、深浅不同的种植箱。多个种植箱还可堆叠、架空（图 2－7、图 2－8）。

图 2－7 单体塑料种植箱

图 2－8 种植箱组合

此外，也可以利用废旧的塑料桶、塑料瓶等包装物，自己改装制作栽培容器（图 2－9、图 2－10）。对于某些容器，还可以配以套盆或套具，如玻璃缸套盆、藤制品套具、不锈钢套具等，以增添华丽多彩的氛围。

图 2－9　用塑料包装桶做容器

图 2－10　切割塑料瓶自制容器

2. 种植槽　种植槽体积较大，做成后一般不再移动，可以为木质，也可以为砖混结构，通常在较大的露天阳台或楼顶使用。木质栽培槽的制作关键是，内部铺塑料薄膜防治渗漏，外部涂油漆防腐（图2－11）。填土时不要填满，土壤表面距离槽上沿 5～10 厘米（图 2－12）。

图 2－11　内铺薄膜外涂油漆

图 2－12　制作完成后的效果

（二）营养土配制

1. 原料 阳台种菜要求所用的营养土质地疏松、透气良好、肥力充足、无病虫害、保水保肥、干燥时不龟裂、潮湿时不黏结、浇水后不结皮。在农艺市场可买到针对不同蔬菜种类的专用营养土（培养土），也可以用田园土、有机肥、杀菌剂、化肥等原料配制。土壤栽培的优点是，土壤本身对酸碱度等有较强的缓冲性，有很好的保肥保水能力，有多种有益菌活动。

（1）田园土 栽培过蔬菜的土壤，含有病菌的几率大，不宜采用。可以从小麦、玉米田取土。如果从菜地取土，则以大葱、大蒜地为好，这类土壤中侵染蔬菜的病菌比较少；也可从林地、草地取土。先铲除上部5厘米厚的表土，这部分土壤病菌含量高。宜用下层熟土，其土质肥沃、无病虫害，但深度不宜超过20厘米，再往下多为生土，结构差、养分少。田园土占营养土份额为60%～70%。还可用塘泥，把池塘泥挖出来做成薄块，晒干后将其打碎，其优点是养分多，排水性能好，呈中性或微碱性。

（2）有机肥 营养土中有机肥以堆肥、厩肥为好，其中，马粪因透气性好，并具有保水增温的作用而成为首选。需要注意的是，马粪必须在使用前5个月进行沤制，充分腐熟后才能使用，在沤制过程中必须多次翻动，忌用生粪，所占份额为30%～40%。

如果有条件，每立方米营养土中再掺入10千克草木炭，提高营养土养分含量，改善理化性质，效果会更好。另外，可将木屑堆制发酵腐熟后，与土壤配制，使培养土疏松，保水性能良好，但肥力有限。

腐叶土由落叶、枯草等堆积发酵腐熟而成，也相当于有机肥。将这些材料堆入坑内，按一层树叶（或枯草），一层田园土，撒一些牲畜或家禽粪尿反复堆积数层，盖土封顶，经过半年以上即可使用。腐叶土含有丰富的腐殖质，保水保肥，土质疏松偏酸。

也可购买商品有机肥，其主要成分多为养鸡场产生的鸡粪，经烘干后出售，虽然标明可以直接使用，但为了确保安全，预防气害或烧根，使用前应加水并覆盖薄膜沤制，至少 15 天后再使用（图 2－13）。

图 2－13　将烘干鸡粪捣碎喷水后发酵

图 2－14　营养土中要加入杀菌剂

（3）化肥　为提高营养土肥力，可按每立方米营养土加氮磷钾（15－15－15）复合肥 2 千克的量掺入化肥。此外，稻草、杂草、稻谷壳、树枝烧成的灰，称作草木灰，可以当化肥使用，草木灰含钾丰富，偏碱性，还具有疏松土壤、利于排水的作用。

（4）杀菌剂　为杀灭营养土中的病菌，每立方米营养土中还应掺入 50％多菌灵可湿性粉剂或其他杀菌剂 80～100 克（图 2－14）。

2. 混合　配制营养土前，田园土和有机肥都要先过筛，暴晒后备用（图 2－15）。确定了各种添加物的用量后，将各成分充分混合，然后倒堆两遍，确保混匀，这样配成的营养土就可以装入容器栽培蔬菜了（图 2－16）。

图 2－15　大田土过筛

图 2－16　各组分要充分混合

（三）肥料选用

阳台种菜应尽量选用有机肥或生物肥料，适当使用化肥。

1. 有机肥

（1）厨余肥料 厨余作堆肥可以减少家中垃圾量，既能产生有机肥料又节约环保。自制堆肥需要沤制 3～6 个月。

1）厨余堆肥 用底部有水龙头的泡酒瓶作沤肥容器，瓶内底部装入 7 厘米厚土壤，再把果皮、菜叶、骨头、剩饭等厨余的水分沥干，平铺在瓶里。若要让营养更丰富，可加入些鱼内脏、鱼鳞、虾壳等，煮熟后沥干水分加在厨余之中，也可加入一些豆腐渣，增加厨余的氮素含量。上面再铺土压实，盖上瓶盖并用重物将盖子压紧，隔绝空气及蚊蝇，形成厌氧环境，然后将其置于阴暗处，逐渐闷热发酵。如果要让厨余更快发酵，可以倒一点喝不完的含乳酸菌饮料在里面，几天内就可发酵。一层厨余一层土，最后上层再铺一层厚约 8 厘米的土壤。水龙头平时应关闭，装桶 3～5 天后，厨余分解产生水，将桶底水龙头打开，排出积液，加水稀释20～50 倍后浇菜。以后，每隔 3 天排出桶底积水 1 次，避免生虫。3～6 个月后等厨余变成黑褐色粉末状即可使用（图 2－17、图 2－18）。如没有泡酒瓶，也可用一个塑胶桶（如食用油包装桶），桶底部打洞，供让积水流出。

也有更简单的方法，先将栽植容器底层覆土约 2 厘米，再将沥干的厨余放在容器中约 3 厘米厚，再覆上一层土 6~9 厘米厚，然后在这个容器中就直接播种或定植蔬菜。在蔬菜生长过程中，厨余逐渐分解发挥肥料作用。

2）厨余液肥 制作方法是将鱼下水、洗肉水、淘米水、过期牛奶、菜叶、剩余米饭、馒头块等有机物质放入塑料瓶中，液体漫过固体，拧上瓶盖，放置发酵。肥料发黑发臭时基本上就发酵好了，时间大约是 3 个月，浇菜时对水，肥力强劲。但这种肥料有臭味，适用于楼顶、庭院或开放阳台，不宜在封闭阳台上使用（图 2－19、图 2－20）。

图 2 - 17　用泡酒瓶作容器

图 2 - 18　厨余堆肥层积示意图

图 2 - 19　用厨余沤制有机肥

图 2 - 20　沤成的有机液肥

3）厨余蚯蚓肥　找一个塑料水桶，在水桶的四周和底部打一些小洞，便于通风透气。把容器放在阳台阴处，在最底层放一层纸板或湿润的旧报纸，然后加入少量潮湿土壤，再放入蚯蚓。加入残羹剩菜、蛋壳、咖啡渣、茶叶渣、水果皮、剪下的花枝树叶等，但不能放含油脂的荤菜类剩饭，否则会发臭。加了一定的食物后再加一层湿润的报纸就可以了，慢慢在上面添加食物，过段时间这些食物报纸等都变成黑色肥料了（图 2 - 21）。

图 2 - 21　蚯蚓肥

图 2 - 22　豆腐渣

(2) **有机堆肥**　将菜叶、豆类（煮熟为好）、花生（煮熟为好）、瓜果皮、杂草、玉米皮、树叶、豆腐渣，以及鲜鱼内脏、动物骨头、鸡毛、蛋壳、变质牛奶等，放在塑料桶中，然后加水、加土，桶口用透明薄膜封口，放于光照充足的地方提高温度，经过一个夏天发酵腐烂，就成了优质有机肥（图 2 - 23）。也可用泡沫箱、塑料箱做容器，但不能渗漏，且要加盖，防治臭味外溢（图 2 - 24）。需要注意的是，肥料不能偏碱，但微酸性可以，而且一定要腐熟后才能使用，可作底肥，也可作为追肥。这种有机肥有异味，不宜封闭阳台采用。

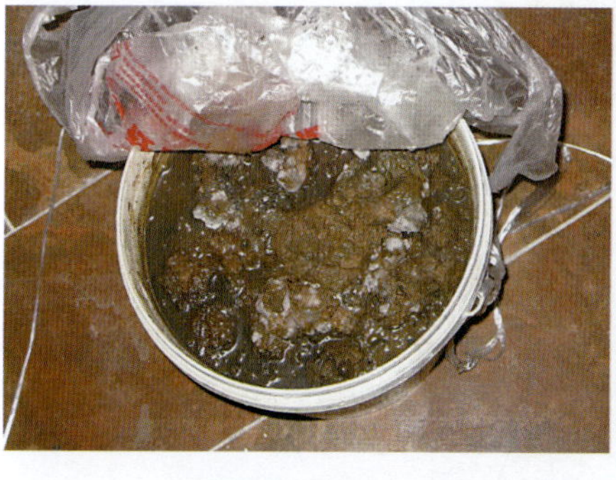

图 2 - 23　肥料桶上覆盖薄膜利于增温

图 2 - 24　用泡沫箱作容器沤制有机堆肥

(3) **市售有机肥**　也可以从市场购买袋装有机肥料，商品名虽有不同，但多数肥料的主要成分都是烘干鸡粪，建议最好别直接用，应发酵后再用。颗粒状有机肥不便直接使用，可以用 10 倍的水浸泡几天，搅拌均匀后直接浇灌蔬菜。

2. 冲施肥 各地农资商店、花卉市场均有售，主要成分为有机物，有些还有植物生长调节剂等添加剂，常见的有腐殖酸冲施肥、海藻酸冲施肥、氨基酸冲施肥等，通常为粉末状或膏状。一般用于蔬菜生长期间，对水后浇灌蔬菜（图 2－25、图 2－26）。

图 2－25 将冲施肥对水稀释后使用

图 2－26 腐殖酸冲施肥

3. 化学肥料 化肥的肥效高，见效快，除过量使用氮肥容易造成蔬菜产品中亚硝酸盐含量过高外，适量使用化肥对蔬菜品质无不良影响。但家庭栽培强调有机和生态，所以化学肥料宜少用。常用的化肥主要是氮、磷、钾肥，家庭种菜主要用的是磷酸二铵、磷酸二氢钾、硫酸钾、尿素，不要使用碳酸氢铵（容易产生气害）、氯化钾（有些蔬菜为忌氯作物）。有些厂家对化肥进行了混配，称作复合肥，有些复合肥除了含有蔬菜所需的大量元素，还添加了微量元素，使用起来更为方便。化肥既可作为底肥使用，也可作为追肥使用。切记作追肥时，要先溶解于水后再浇灌蔬菜，溶液浓度不超过千分之三才是安全的。

（四）蔬菜栽培示例

这一部分介绍几种在阳台种植较多，人们也喜欢食用的蔬菜，为节约篇幅，重点介绍关键技术环节，通用栽培技术则请读者在各种蔬菜之间相互借鉴。

1. 生菜 亦称叶用莴苣，从叶色分有紫叶、绿叶两种。生菜含维生素 E 丰富，能促进人体细胞分裂，延缓细胞衰老。所含莴苣素味苦，具有催眠镇痛作用。生菜还有抗癌作用，这是因为抑制癌细胞生长和抗病毒感染主要依靠干扰素，而生菜可产生干扰素诱发剂，作用于正常细胞的干扰素基因而使之产生干扰素。因此，生菜是阳台种菜的首选品种。

（1）播种及育苗 生菜种子在 4℃以上即可发芽，但所需时间较长，发芽适温 15～24℃，高于 25℃发芽困难。夏季播种，可用冷水浸种 5～6 小时，然后在 15～18℃下催芽，经3～4天种子出芽后播种。

准备栽培容器，如果是有底孔的种植盆，要用瓦片、编织袋、无纺布等将其堵住，只让多余水分渗出（图 2－27）。加入营养土，用手铺平（图 2－28），然后浇水，水量要足，直至有水从底孔流出（图2－29）。将经过浸种处理的种子撒播，可播密些，出苗后间拔采收（图 2－30）。然后，薄薄地覆盖一层营养土，生菜种子属于需光发芽型，覆土过厚不利于发芽（图 2－31）。如果低温季节播种，温度过低，可覆盖一层玻璃或薄膜。幼苗耐寒，出苗后，生长适温16～20℃（图 2－32）。

图 2－27 堵底孔

图 2－28 填入营养土

图 2－29　浇　水

图 2－30　播　种

图 2－31　覆　土

图 2－32　覆盖保湿增温

生菜种子从萌动到长出两片叶需要 8～10 天，而整个苗期则有 25～30 天，如果采用直播的形式，大量幼苗需要间拔采收，造成浪费；幼苗占用栽培容器的时间也过长，阳台空间利用率低。因此，可以采用先育苗再定植的栽培方式。可以采用深度约 5 厘米的平底育苗盘做容器，播种方法如前所述，当幼苗具有约 4 片真叶时起苗定植，定植后3～4 天完成缓苗，重新恢复生长（图 2－33、图 2－34）。

（2）管理　直播者，幼苗长到 2 片真叶时开始间苗，共间 2～3 次，最后苗距为 3 厘米。当幼苗长到 3～4 片真叶时，间苗或分苗，株距 7 厘米。在此期间，叶片生长适温为 15～20℃，高温反而不适，25℃以上就容易抽薹。温度高时，可以浇小水以降低土壤温度。生菜在充足的光照下生长旺盛，如果处于室内的阴暗环境，容易抽薹（图 2－35）。但夏季在开放阳台栽培，也需要覆盖遮阳网适度遮光。

图 2-33　用育苗盘培育生菜幼苗

图 2-34　起苗定植

图 2-35　弱光环境下容易抽薹

图 2-36　施用有机液态肥的生菜

土壤要见干见湿，既要防止因缺水老化，又要避免因过湿而徒长。过于干旱则叶片苦味重，过湿又容易感染软腐病和菌核病导致腐烂。从幼苗定植到长成大植株，大约需要 1 个月时间，由于生长期短，营养土养分丰富，通常每 7 天浇 1 次有机液态肥或 0.3%化肥水溶液就足以满足需要，图 2-36 为笔者浇灌有机液肥的生菜，长势良好。据观察，如果土壤缺氮，会影响叶片分化，叶数少；缺磷则叶色暗绿，生长衰退，叶数少，植株小；缺钾则叶片边缘干枯；缺钙时易发生“干烧心”。因此，施肥原则是，多施氮肥和钾肥，适量补充磷肥和钙、镁等微肥。

（3）采收　生菜采收期的弹性较大，原则是宜早不宜迟。采用劈叶采收的方式，这样采收期可以延长，避免一次性采收。每次掰取外叶食用，内部心叶还能继续生长。

2. 菜薹 别名菜心，原产于南方，主要食用花薹。色泽碧绿，品质柔嫩，清新可口，营养丰富，被誉为“菜中之后”。最著名的品种为“四九菜心”。中医认为菜薹有清热、杀菌、降血脂的功效。菜薹对温度要求不严格，在28℃以下的条件下可顺利发育，最适宜温度为15～25℃。其他十字花科蔬菜，如小白菜、油菜等均可参照菜薹栽培技术。

（1）播种 栽培菜薹以育苗移栽为宜，也可直播。通常干籽播种，温度低时为了快速出苗，也可先浸种，用温水浸种4小时，然后用纱布包好，保持湿润，在25～30℃下催芽，种子破皮露芽时播种。幼芽生长速度很快，如果不及时播种，胚轴伸长，子叶变绿，再播种就变成“活埋”了（图2－37）。栽培容器中填入营养土，用喷壶浇透水（图2－38），然后均匀撒播种子，种子间距约2厘米，播后覆土1厘米厚。种子出苗和幼苗生长适温为25～30℃（图2－39、图2－40）。

图2－37 催芽时间过长

图2－38 装填营养土后浇透水

图2－39 播 种

图2－40 播种3天后开始出苗

（2）**管理** 从播种到幼苗长出4～5片真叶为苗期，一般为18～25天。此时可以将间苗时拔下的幼苗定植到其他容器中。幼苗生长有群集效应，幼苗相接不露土壤的密度最为适宜，过稀、过密都不利于生长。当幼苗的真叶展开后，分次间苗，拔出过密幼苗，以幼苗挨在一起又不拥挤为度。最终苗距保持10厘米左右即可。

菜薹的根系浅，吸水能力差，且叶片面积大，蒸腾耗水量大，不耐旱，要求充足的水分供应，生长期间应保持土壤湿润，但浇水不可过多，一旦积水，极易导致植株死亡。

总的来讲，菜薹对温度要求不严格，叶片生长和花薹形成适温为15～20℃，温度过高，叶片细长，花薹细弱，味淡且品质差；温度过低，生长缓慢，对质量影响不大，但产量低。适宜的空气湿度以60%～70%为宜，湿度过高易发生病害。

在基肥充足的同时，需较多的氮肥，钾肥次之，磷肥最少。每7天追肥1次，本着“少量多次”的原则。在幼苗生长期间，适当追施速效氮肥，从第1片真叶展开时开始施用，肥量不可过大，浇灌0.3%尿素即可。进入抽薹期，如果生长旺盛，花薹发育正常，可不再频繁追肥（图2-41）。如果抽薹缓慢或菜薹细弱，应再施肥1次。如生长旺盛，叶片肥大，但迟迟不抽薹，则说明营养生长过盛，要控制水肥，等到抽薹后再恢复适宜的水肥供应。

图2-41 旺盛生长的菜薹

图2-42 采收齐口花状态的花薹

（3）**采收** 产品包括主薹和侧薹，当主薹长到同最高叶片等高，花蕾初开，即“齐口花”时，为适宜采收期（图 2-42）。未及“齐口花”的花薹和幼叶同样可以食用。兼收侧薹时，要在基部留 2～3 片叶割取主薹，并浇水施肥，待侧薹长大后另行割取。

3. 红梗叶菾菜 红梗叶菾菜是藜科蔬菜，叶柄和叶脉为红色，观赏性强，食用嫩叶，以嫩叶切丝做汤最佳，也可凉拌或炒食。喜冷凉湿润环境，也耐高温，耐肥、耐碱，四季可栽。病虫害较少，偶尔会发生蚜虫、地老虎、潜叶蝇为害。

（1）播种及育苗 播种用的材料实际上不是种子，而是聚合果（如图 2-43），果皮厚，吸水慢，所以播前要先用水浸泡 3 小时，然后用湿布包好进行催芽。夏季和秋季在高温下发芽较困难，宜在低温下催芽后再播种。为提高空间利用率，可以先将种子播在一次性塑料饮水杯、营养钵等小容器中，等幼苗长得稍大一些，再定植到种植盆或种植箱中。播种后覆盖薄膜保温，有利发芽（图 2-44）。

图 2-43 播种材料——聚合果

图 2-44 叶菾菜幼苗

（2）管理 成苗后定植，株距 15 厘米左右，这样可以早采收。当植株变大，十分拥挤时，可以将中间的植株用剪刀从基部剪断，当植株很大时，一个种植盆只需有 1 株即可（图 2-45）。红梗叶菾菜很耐肥，定植前在营养土中混入有机肥。生长期间每次采摘后结合灌水可以追施速效性氮肥、冲施肥或有机液肥 1 次。灌溉应掌握“见干见湿”的原则（图 2-46）。

（3）采收 整个生育期的叶片均可食用，结合间苗可以拔取幼苗食用。叶菾菜茎短缩，其上长叶，只要温度适宜，可以连续生长陆续劈叶采收。有时地上部分虽受冻，次年仍能萌发新叶。正常情况下，播种后 30～40 天即可劈叶采收，每次剥外层 2～4 片大叶，内叶继续生长，每 10 天左右采收 1 次，要轻摘勤收。

图 2-45　大苗定植后状态

图 2-46　定植 12 天后植株状态

（4）**留种**　很多人喜欢自己留种，对此，可在秋季播种，也可保留大的春播植株，冬季可让其在居室内继续生长，也可在冬前将莙荙植株的种植盆放在室外，其上覆盖草帘、杂草以防受冻（图 2-47）。越冬后，植株继续生长，在 3 月后停止采叶，并减少施氮肥，在 5 月抽薹开花，开花后追施适量速效氮肥及磷肥，并增加浇水量，6 月果实成熟，摘下果实保存即可（图 2-48）。

图 2-47　秋播种株室内越冬

图 2-48　越冬后种株抽薹

4. 韭菜 目前，市场出售的韭菜无论是来自露地还是日光温室，受韭蛆为害都很严重，致使菜农大量使用杀虫剂灌根，使用高毒、剧毒农药的事件也时有发生。因此，很多人认为，韭菜是最不安全的蔬菜。也正因如此，市民们更喜欢在家中种植韭菜。

（1）播种 分春、秋两季播种，以春播为好。春季播种期一般在3月下旬至4月上旬。秋季要等到天气转凉后才可播种，并让韭菜越冬前至少有50天生长期，使其能安全越冬。品种以汉中冬韭或雪韭最为常用。

可干籽直播，也可浸种催芽。浸种催芽时，先用55℃热水（2杯热水对1杯凉水）浸泡10分钟，进行种子消毒（图2－49）。然后把水降至25℃左右室温，浸种24小时以上，同时把瘪籽捞出，再在15～20℃的冷凉环境下催芽，期间每天用清水投洗，5天后可见种子露白，降低温度“蹲芽”处理。芽齐后即可播种，不要让芽过长，否则，就要把种子放在水中，使之分离，以免播种时互相纠结导致损伤（图2－50、图2－51）。容器中填土，土粒要细，以利出苗。浇透水，撒播，覆细土2厘米，其上覆盖塑料薄膜或碎草，保持湿度，70％幼苗顶土时再撤除（图2－52）。

图2－49 用热水对种子进行消毒杀菌

图2－50 催芽时间过长

（2）根株移栽 韭菜在栽培前期生长缓慢，为加快速度，可以采用现成的根株进行移栽。可以从田间挖取植株，掰取老的根茎，这一操作称作分株，再剪去过长的须根和少许叶片（图2－53），然后每10株左右整理成小把，按10厘米见方挖穴，将苗栽入穴中，深度约3厘米，不可过深或过浅（图2－54）。

图 2-51　放入水中使种芽分离

图 2-52　播种 7 天后的出苗状态

图 2-53　剪除过长须根

图 2-54　将根株移栽到种植箱

(3) 管理　韭菜是多年生蔬菜，一次种植后，可采收多年。韭菜的耐肥力强，需肥量大，每次采收后，当新叶长出 3 厘米时，就可以追肥，不能在刀口尚未愈合时追肥，以防引起植株腐烂。水肥充足，可促使分蘖，养根壮秧（图 2-55）。春季，应采取剔根措施，即当韭菜长出地面 4～6 厘米时，用竹扦将根际土壤挖出，露出根茎，晾晒 4 天，以消灭韭蛆等地下害虫。韭菜鳞茎和根系有不断向上延伸的习性，称为跳根，往往使根茎裸露。因此，家庭栽培韭菜，每年要加厚土层 2～4 厘米。也可在春季把根系挖出，剔除衰老腐烂的根茎，重新定植。

(4) 采收　韭菜采收必须兼顾养根，小叶生长主要养分来源于根茎储存养分，随着生长，逐渐能自给自足，一般当叶片长度超过 20 厘米后，才有多余养分输送到根茎部位贮存起来，供小叶生长之用。

因此，两次采收的间隔期不宜太短，不宜在叶片很小时收割（图2-56）。第一次收割时应留茬3厘米，以后每次收割都要升高1.5厘米。播种第2年，韭菜会在6月下旬抽薹，如果不需留种，应尽早摘除花薹，减少养分消耗。

图2-55　旺盛生长的盆栽韭菜

图2-56　采收过频长势衰弱

（5）休眠　韭菜有休眠的特性，自然条件下，韭菜会在10月下旬，把叶片中的养分转移到根茎中贮存起来，称作回根。然后叶片萎蔫，进入休眠期，此时，即使温度适宜，也不会生长出叶片。有的韭菜休眠期短，约30天，之后给以温暖环境即可正常生长，有些韭菜休眠期却比较长，但也有个别品种基本没有休眠期。

家庭栽培应选择休眠期尽可能短的品种，否则，应在初冬，让韭菜先通过休眠阶段，再移至封闭的阳台、窗台等温暖环境下，恢复生长，保证冬季能吃上韭菜。

5. 樱桃萝卜　这种萝卜肉质根为直径2厘米左右的球形，多数品种红皮白肉，可以连同叶片一起食用，以生食为主，色泽美观，品质细嫩。生长期短，病虫害少，未及得病，即已采收。适应性强，四季可种。

（1）播种　樱桃萝卜出苗快，发芽率高，干籽直播即可，不需要浸种和催芽，只需注意最好用1～2年的新种，不用陈种。由于生长期短，根系浅，可以使用较浅的栽培容器。容器中装填配制好的营养土，可以撒播，也可以在种植盆中开小沟，浇水，然后条播，种子间距1～

2 厘米（图 2－57、图 2－58）。播后覆土 1～2 厘米（图 2－59）。

图 2－57　装填营养土后开沟浇水

图 2－58　播　种

图 2－59　播种后覆土

图 2－60　间　苗

（2）**管理**　在 22～25℃条件下，2～3 天幼苗可出土。第一片真叶展开时进行第一次间苗，用剪刀从基部剪去过于拥挤的苗，长至 3～4片真叶时，第二次间苗并定苗，苗距 5 厘米（图 2－60）。保持土壤湿润，均衡供水，适宜土壤含水量 70%～80%。一般不追肥，如土壤肥料不足，可随水补充有机液肥。樱桃萝卜为半耐寒性蔬菜，喜冷凉环境，生长的温度范围为 5～25℃，生长适温为 20℃左右。温度过高不利生长，肉质根小且不呈圆正的球形，影响美观。喜中等光照，在叶片生长期和肉质根生长期，充足的光照有利于光合作用的进行（图 2－61）。

（3）**采收**　樱桃萝卜植株矮小，生长迅速，播种后 25 天，当肉质根美观鲜艳，直径达到 2 厘米时即可陆续采收（图 2－62）。整株拔起，洗净后带叶生食。采收过晚，肉质根大而变形，易产生裂根、糠心，味道也变得苦辣。

图 2－61　育苗盘中樱桃萝卜生长状态

图 2－62　达到采收标准的樱桃萝卜

6. 普通白菜　俗称青菜，北方称油菜、小白菜，在苗期采收称为鸡毛菜。喜冷凉环境，苗期短，生长迅速，栽培普遍。

（1）播种　这里以木箱作容器进行技术介绍。选废弃的木质包装箱，内部铺薄膜防止渗漏（图 2－63）。填入营养土，不要填满，然后浇足水（图 2－64）。用板材将营养土表面刮平，撒播种子，由于普通白菜须根发达，分布浅，再生力强，短缩茎在高温或密植条件下易伸长，所以可以进行高密度播种（图 2－65、图 2－66）。播种后覆土，厚度 1 厘米（图 2－67）。种子发芽适温为 20～25℃，能忍受 38℃高温和 7～8℃低温。夏季播种后覆盖报纸遮光，3 天即可出苗（图 2－68）。

图 2－63　箱底铺薄膜防渗

图 2－64　浇　水

图 2-65　刮平营养土表面

图 2-66　播　种

图 2-67　覆　土

图 2-68　播种后 3 天状态

(2) **管理**　普通白菜生长适宜温度为 15～20℃，不可过高。此外，因其以嫩叶供食，光照过强则纤维素含量高，叶片老化，为此，夏季阳台可以适度遮光。但光照过弱，如在居室内的弱光下又容易引起植株徒长，茎节伸长，品质下降。普通白菜对水分要求高，水分充足，出苗快，叶片生长快，品质好。但水分过多，也会导致根系发育不良，甚至烂根。夏季在傍晚浇水，以利降低土壤温度。掌握“小水勤浇”的原则，以用喷壶喷水为好。普通白菜对土壤养分要求高，尤其对氮肥需求量高；喜有机肥，因有机肥分解可产生有机酸，能促进根系生长，提高抗性（图 2-69）。

(3) **采收**　整个生长期均可采收。出苗后间苗，以后结合间苗进行采收，密播者可采收多次。如果一次性采收，以播后 18～25 天最为适宜（图 2-70）。

图 2-69　播种 10 天后状态

图 2-70　间拔采收后状态

普通白菜栽培技术简单，生长迅速，对容器没有特殊要求，可以因地制宜选择容器，栽培极易成功（图 2-71、图 2-72）。

图 2-71　泡沫箱栽培

图 2-72　瓷钵栽培

7. 黄瓜　黄瓜生长期长，与其他蔬菜相比，黄瓜对环境适应性差，病虫害多，因此，栽培难度较大。阳台种菜，多选用无刺的水果型黄瓜品种。

（1）育苗

1）浸种催芽　用热水进行种子消毒，称作温汤浸种。将两份开水和一份凉水混合，兑成约 55℃的热水，将种子放入其中，不断搅拌，在搅拌过程中观测水温，水温下降后要不断加热水，此法可以烫死种子表面多数病菌（图 2-73）。10 分钟后，倒入

黄瓜、甜瓜、丝瓜、西葫芦等同属瓜类蔬菜，其生长特性初对环境条件的要求相似，因此甜瓜、丝瓜、西葫芦阳台有土、无土栽培可参照黄瓜进行。

凉水，将温度降至30℃左右，再浸泡3小时，使种子吸足水分。浸种时间短于3小时，种子吸水不足；如果长于3小时，则种子中内含物会外流，降低种子发芽势。浸种完毕，将种子捞出，用湿巾、毛巾、纱布等持水能力较强的布包好，置于30℃左右的温度下催芽（图2-74、图2-75）。露出胚根即可播种，也有人等到胚根长出1厘米左右时再播种，这样带大芽播种出苗快，沤籽轻（图2-76）。

图2-73 温汤浸种

图2-74 倒入纱布沥去水分

图2-75 用湿布将种子包好进行催芽

图2-76 催芽后露出较长胚根的种子

2）播种　将营养土装入塑料营养钵，如果没有营养钵，也可用底部打孔的一次性饮水杯、牛奶杯代替，营养土不要装满，距离上沿1厘米，以后浇水时可以存水。浇透水，水量掌握在有水从营养钵底孔流出为宜。

播种方法是，右手拿一根筷子，在营养钵中央斜插一个孔，左手拿一颗种子，胚根朝下，把胚根插入孔中，种子平放，然后用筷子轻轻拨一下营养土，让插孔弥合，称作“插芽”。对于催芽时间短，胚根很短的种子，可将其平放，露出的胚根朝下（图2-77）。随后抓一把潮湿的营养土，放到种子上，形成 2～3 厘米厚的圆土堆。覆土厚度要尽量一致（图 2－78）。如果出苗速度不一致，幼苗高矮不整齐，往往是由于覆土厚度不均匀造成的。

图 2－77 播 种

图 2－78 覆 土

3）苗期管理 育苗期间管理的关键是多见光、少浇水、不施肥、保持较大昼夜温差。

出苗后就要尽量将幼苗置于阳光充足的环境之下，尤其是两片子叶展平期，胚轴对光照十分敏感，弱光下很容易徒长。温度管理的关键是昼夜温差要大，最适宜的温度是白天 30℃，夜间只要不低于 15℃就可以。因此，如果是春末、夏季或初秋育苗，最好在夜间将幼苗置于庭院或开放的阳台、露台上，以降低夜间温度，提高幼苗体内同化物的积累量。当幼苗第一片真叶展平时，就可以定植，最晚的定植时间是幼苗真叶数不能超过 4 片（图 2－79、图 2－80、图 2－81、图 2－82）。

图 2－79 播种后 3 天状态

图 2－80 播种后 5 天状态

图 2-81　播种后 12 天状态

图 2-82　播种后 25 天状态

4）乙烯利处理　阳台环境温度高，播种时期不定，不利于花芽分化和雌花形成，容易出现雌花很少或连续多节没有雌花的现象。为多结瓜，应进行乙烯利处理。用40%乙烯利水剂，配制浓度为100～150毫克/升的溶液，每展开1片真叶喷1次，喷后观察幼苗症状，视情况喷1～3次。喷药量掌握在叶片着药即可，不能重复喷雾。如果量过大或浓度偏高，次日即会出现异常，下部叶片向下卷曲、皱缩，呈降落伞状，上部叶片向上抱合、皱缩，不能展开，严重时会出现“花打顶”现象，形成过量雌花。再严重，幼苗生长会受到严重抑制。浓度太高则雌花、雄花都不出现。

乙烯利处理是一项常规技术，未见因食用乙烯利处理形成的黄瓜对人体造成伤害的报道，对用药安全性不必过虑。

（2）定植　黄瓜根系呼吸旺盛，要求土壤有机质含量高，通气性强，营养土配制时要保证有机肥含量充足。选用较大的栽培容器，填装一半配置好的营养土（图 2-83）。一只手掌面向营养钵表面，手指夹住幼苗基部，倒扣营养钵，另一只手摘除营养钵，将幼苗带土坨取出，安放到容器内（图 2-84、图 2-85）。向容器中填土，调整定植深度，以苗坨与土面相平为宜，不宜过深，并注意不要弄散土坨（图 2-86）。然后浇透水，最后用土填平因浇水形成的凹坑。

图 2－83　装填营养土

图 2－84　倒扣营养钵

图 2－85　将带土坨幼苗取出

图 2－86　填土固定

（3）肥水管理　黄瓜原产于热带雨林气候区，根系浅，须根多，喜水、喜肥，因此要经常浇水，保持土壤湿润，但不要沤根。在营养土肥料充足的前提下，一般每 15 天施肥 1 次，可以浇有机液态肥，也可以浇灌冲施肥或化肥溶液。缺肥植株叶色淡，可叶面喷肥，用手持式小喷壶喷 0.3%磷酸二氢钾溶液，见效很快。生长期间，如果雌花太少，还可以喷乙烯利溶液，处理后，会出现大量雌花，为保证果实顺利发育，更要及时追肥。

黄瓜喜较强光照，又比较能忍耐弱光环境，如果长期处于偏弱的光线下，植株细弱，节间变长，色淡且薄，结瓜极少。黄瓜喜湿润环境，封闭阳台可通过喷水升高湿度。如果空气过于干燥，叶片上会出现圆形小白点（图 2－87）。

图 2-87　定植后的生长状态

图 2-88　用丝绳作吊线

(4) 植株调整　黄瓜茎柔软，植株不能直立生长，需要搭架。购买胶丝绳，下端绑在木橛上，插入容器土壤中，上端固定在阳台顶部。用手绕黄瓜茎蔓，使之顺吊线攀缘而上，称作“绕蔓”（图 2-88）。也可在每个栽培容器中插一根长竹竿，让植株攀缘而上。

当植株长到顶部时，要落蔓，让摘除了下部叶片的黄瓜植株下部茎蔓盘绕在容器表面，这样，植株的生长点位置就降了下来，黄瓜就又有了生长的空间。

阳台黄瓜多采用单蔓整枝方法，利用主蔓结瓜，所有侧枝要全部摘除（图 2-89）。随植株生长，下部叶片逐渐老化，光合能力降低，消耗量增加，成为植株的负担，要及时摘除。摘叶时要从叶柄基部将老叶掐去，所留叶柄不宜过长，因为留下的叶柄容易成为病菌的寄居场所和侵染入口，增高发病几率。

(5) 保花保果　生长期间，如果植株上没有雌花或雌花很少，可以喷施 130～150 毫克/升的乙烯利，在晴天下午 4 时后把配制好的药液均匀喷在黄瓜叶片和生长点上，力求雾滴细微，7 天后可再喷 1 次。之后，雌花大量增多，每节都有多朵雌花，但不能全部保留，要及时疏花，每节只保留 1～2 朵雌花，摘除其他雌花和所有雄花（图 2-90）。

喷乙烯利能出现大量雌花，但未必能发育成果实，必要时可喷植物生长调节剂喷花或浸蘸瓜胎。常用的生长调节剂有 100 毫克/升防落素、5～10 毫克/升苯脲型细胞分裂素等，市场上多以“鲜花王”、

“坐果王”等商品名出售。处理方法是，在黄瓜雌花开花后1～2天浸蘸瓜胎或喷花，然后弹一下瓜胎，把瓜胎上多余药液弹掉。经过处理，几乎能百分之百坐住瓜。所用药剂为植物激素类物质，作用机理完全不同于动物激素，对人体不会产生激素作用，勿信谣言。

图2-89 竹竿支架单蔓整枝

图2-90 少雌植株应进行药剂促雌

番茄、辣椒、茄子同属茄果类蔬菜，其生长特性和对环境要求的相似，因此辣椒、茄子阳台有土、无土栽培可参照番茄进行。

(6) 采收　及时摘取底部果实，以节约营养，促进上部果实发育，实现连续结瓜。

8. 番茄　番茄是水果型蔬菜，喜中等温度和较为干燥的环境，生长势强，容易栽培。而且番茄也是彩色盆景，红色果实，绿色叶子，常年不断开放的黄花，可以美化居室。

(1) 育苗

1) 浸种催芽　把种子在水中浸泡10分钟左右，使附着在种子表面的病菌吸水，以便将其杀灭，同时，除去漂浮在水面上的瘪籽。之后，用两份开水兑一份凉水混合成约55℃的热水，倒入种子，不停地搅拌，保持这一温度10分钟，如果水温降低，补入热水（图2-91）。

到时间后倒入凉水，水温降至30℃，浸种6小时。浸种后将种子捞出，用干净湿布包好，甩干水滴，在20～28℃的环境下催芽（图2-92、图2-93）。催芽过程中，每天打开布包，用清水冲洗1～2次，洗去黏液并透气，以防种子霉烂。当种子露出白色胚根时即可播种（图2-94）。

图2-91 温汤浸种

图2-92 用湿布包好

图2-93 在温暖处催芽

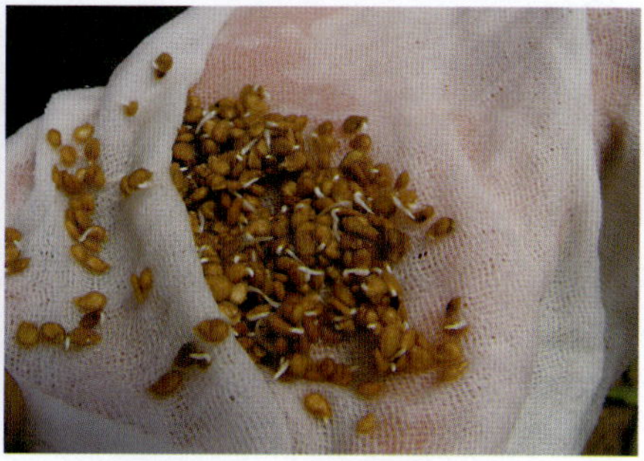

图2-94 完成催芽的种子

2）分苗育苗 为节约空间，可先在平底育苗盘中播种，当幼苗呈两片子叶展平状态时，再移栽到营养钵中。播种后覆盖薄膜增温保湿。出苗后揭去薄膜，当幼苗两片子叶完全展开并出现真叶时，向苗盘浇水，然后将幼苗连根拔起（图2-95）。向装好营养土的营养钵中浇透水，用手指在营养土上扎出小坑，把子叶苗摁入小坑中，用手轻捏营养土，使营养土与幼苗基部弥合，再浇一遍水，让幼苗根系与土壤紧密结合，几天后即可恢复生长（图2-96）。

图 2－95　浇水后拔出幼苗

图 2－96　栽　苗

3）营养钵育苗　除前述方法外，也可直接在营养钵中播种育苗。先浇足水，然后将种子平放在营养钵中央，用手抓一把潮湿的营养土放到种子上，形成 2 厘米厚的圆土堆。播种后覆盖薄膜增温保湿。

番茄幼苗的抗寒性比瓜类蔬菜强很多，出苗期间最适宜的白天温度为 26～28℃，夜间 20℃左右。大部分种子出苗后，揭去薄膜，温度调整为白天气温 22～25℃，夜间 13～15℃。3 天后，白天温度控制在 20～25℃，夜间 10～15℃，温度不能过高，否则幼苗徒长。少浇水，干时喷水。如叶色发淡可结合喷 0.2%磷酸二氢钾（图 2－97、图 2－98）。

图 2－97　苗龄 15 天的幼苗

图 2－98　达到定植标准的幼苗

（2）定植　向栽培容器中装填营养土，放入营养钵所育幼苗，再往幼苗四周填土，然后浇透水，让幼苗土坨与营养土紧密结合。如果幼苗偏大，可以在旁边插小木棍做支撑防止倒伏（图 2－99）。结果前尽量少浇水，防止茎叶徒长，促进根系发育和花朵、果实发育。但如果过于干旱，可以适当补水（图 2－100）。

图 2－99　定植后的番茄

图 2－100　定植后过于干旱缺肥的番茄植株

（3）植株调整

1）整枝　单干整枝最常用，即只留主枝，而把所有的侧枝陆续、全部摘除，可留 3～8 穗果后摘心，待果实收获后，从下部培养新侧枝，用“换头”的方法更新果枝。也可不摘心而是不断地落蔓（图 2－101）。

图 2－101　单干整枝

图 2－102　多干整枝

双干整枝，即除主枝外，再留第1花序下生长出来的第一侧枝，而把其他侧枝全部摘除，让选留的侧枝和主枝同时生长。多干整枝，也称树状整枝，多用于生长旺盛的樱桃番茄，为占据顶部空间，尽量留大量分枝，甚至培育成“番茄树”。对于多干整枝，长出的侧枝有1～2穗花序时，于上方留1～2片叶摘心，使植株呈伞形、扇形或半球形，让果穗均匀分布，达到硕果累累的效果（图2-102）。

2）架式　可以用吊架，每棵植株用一根胶丝绳作吊架，胶丝绳上端绑在阳台顶部，下端绑在小木棍上，将木棍插入土壤，牵引果枝向上攀缘（图2-103）。其次是支架，每株番茄用一根竹竿，将番茄茎绑在竹竿上，采用单干整枝方式。为坚固起见，也可以用多根竹竿（图2-104）。此外，还可以用铁丝制作出一定形状的框架作为支架（图2-105、图2-106）。

图2-103　胶丝绳吊架

图2-104　竹竿支架

图2-105　桶状铁丝支架

图2-106　S形支架

3）绑蔓打杈　多数番茄的茎不能直立生长，必须依附于支架，为防止植株下垂，每过一段时间，就要用细绳或稻草等材料绑蔓（图 2－107）。对于多余侧枝，要及时摘除，但打杈过早，会影响根系发育，抑制植株生长，过晚则消耗养分，影响坐果，一般要在侧枝长达 15 厘米以上时再摘除（图 2－108）。对于有限生长型番茄，长到一定高度后不再形成分枝，养分集中供应果实，无需摘心、打杈（图 2－109）。操作时，如果植株汁液沾染皮肤和衣物，污渍很难清洗，可取未成熟番茄果实，掰开，将果实汁液涂抹到皮肤或衣物上，揉搓后再用清水冲洗即可。

图 2－107　绑　蔓

图 2－108　打　杈

2－109　有限生长型番茄无需打杈

图 2－110　旺盛生长的番茄植株

（4）**水肥管理**　与其他蔬菜相比，番茄生长旺盛，需水需肥量大。在营养土肥料充足的基础上，定植 20 天以后开始追肥，每株番茄追施烘干鸡粪 100～150 克，其他肥料参照这一施肥量，每隔 10 天追 1 次肥，3～5 天浇 1 次水。坐果前控制浇水量，果实膨大期保持盆土湿润，避免忽干忽湿，否则容易裂果（图 2－110）。

（5）**采收**　陆续采收红熟果实。

三、无土栽培

（一）营养液

> 植物生长的原料源于两个方面：其一，有机营养，主要通过光合作用形成，即叶片利用光能将二氧化碳和水合成为糖；其二，矿质营养，通过根系吸收，营养液作用就是保证矿质营养的供应。

营养液是一种养分均衡、充足的肥料溶液，不仅仅可以用于阳台蔬菜的无土栽培，向土壤栽培的蔬菜浇灌营养液效果更是远远优于其他任何肥料。营养液是为蔬菜生产提供营养的最合理方式，使用营养液供养是都市园艺技术的发展趋势。有条件的居民家庭可以自己配制营养液，与阳台种菜相关的产业也可以配制营养液自用或出售。

1. 原料及其特性

（1）化学制剂的纯度　按用途可将化学制剂分为化学试剂（分优级纯 GR、分析纯 AR、化学纯 CR 三级，纯度依次降低）、医用品（纯度高）、工业用品（纯度较低）、农用品（纯度低），纯度依次降低。化学试剂、医用品虽然纯度高，应用效果好，但价格偏贵。实践中，氮、磷、钾、钙、镁、硫等大量元素肥料可以选用工业用品或农业用品，微量元素肥料用量少，最好用化学纯试剂或医用品。

（2）肥料及其特性

1）氮源　指能够提供氮元素的肥料，主要有：硝酸钙 [$Ca(NO_3)_2$]、硝酸钾（KNO_3）、磷酸二氢铵（$NH_4H_2PO_4$）、硝酸铵（NH_4NO_3）、尿素 [$CO(NH_2)_2$] 和硫酸铵 [$(NH_4)_2SO_4$]

等。其中，硝酸钙是最重要的氮源和钙源，几乎所有配方都需要（图 3-1）。另外，需要注意的是，硝酸钾和硝酸铵，具助燃性和爆炸性，遇火易爆炸，受潮易结块，不可猛烈撞击，不能与易燃物混存一处（图 3-2）。

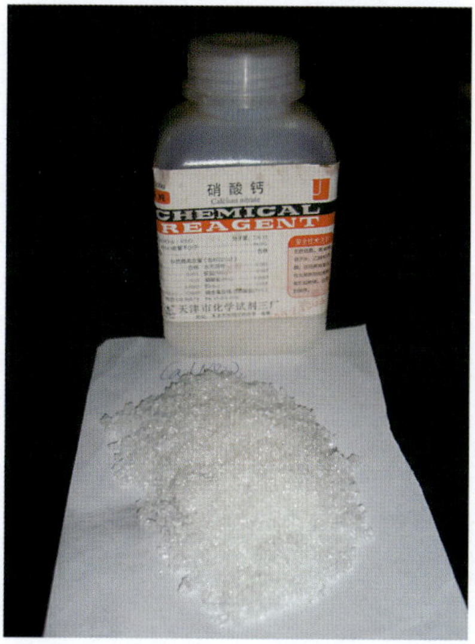

图 3-1　硝酸钙

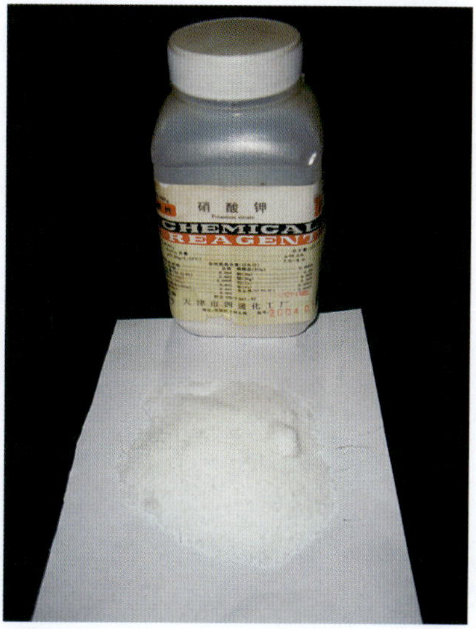

图 3-2　硝酸钾

2）磷源　指提供磷元素的肥料，主要有：磷酸二氢铵（$NH_4H_2PO_4$），别名磷酸一铵，白色晶体，易溶于水，可提供氮和磷两种元素；磷酸氢二铵［$(NH_4)_2HPO_4$］，别名磷酸二铵，白色结晶；磷酸二氢钾（KH_2PO_4），白色结晶或粉末，不易潮解，可同时提供钾和磷两种营养元素（图 3-3）。此外，还有过磷酸钙［$Ca(H_2PO_4)_2 \cdot H_2O + CaSO_4$］、重过磷酸钙［$Ca(H_2PO_4)_2$］、偏磷酸铵（$NH_4PO_3$）等。

3）钾源　指能提供钾元素的肥料，除前述磷酸二氢钾、硝酸钾以外，还有：硫酸钾（K_2SO_4），无色坚硬结晶，溶解度稍小，吸湿性弱，不结块，是一种很好的肥料（图 3-4）。氯化钾（KCl），无色结晶或白色结晶颗粒，因很多蔬菜为忌氯作物，一般不提倡使用氯化钾。

图 3-3 磷酸二氢钾

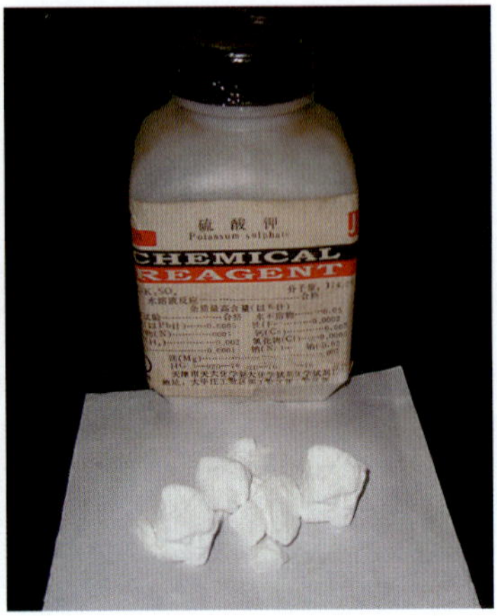

图 3-4 硫酸钾

4）其他肥源

铁源：螯合铁［乙二胺四乙酸一钠铁（NaFe-EDTA）、乙二胺四乙酸二钠铁（Na_2Fe-EDTA）、二乙三胺五乙酸一钠铁（NaFe-DTPA）、羟乙基乙二胺三乙酸一钠铁（NaFe-HEEDTA）、乙烯二胺钠铁（NaFe-EDDHA）、草酸亚铁（$FeC_2H_4 \cdot 2H_2O$）］、硫酸亚铁（$FeSO_4 \cdot 7H_2O$）（图 3-5）。

钙源：多数配方用硝酸钙提供钙离子，也可使用氯化钙（$CaCl_2$），但很少使用硫酸钙（$CaSO_4 \cdot H_2O$）。

硼源：硼酸（H_3BO_3）、硼砂（$Na_2B_4O_7 \cdot 10H_2O$）。

锌源：硫酸锌（$ZnSO_4 \cdot 7H_2O$）、氯化锌（$ZnCl_2$）、锌螯合物［乙二胺四乙酸二钠锌（EDTA-Na_2Zn）］。

铜源：硫酸铜（$CuSO_4 \cdot 5H_2O$）。

锰源：硫酸锰（$MnSO_4 \cdot 4H_2O$ 或 $MnSO_4 \cdot H_2O$）、锰螯合物［乙二胺四乙酸二钠锰（EDTA-Na_2Mn）］。

硫源：营养液中使用镁、铁等硫酸盐，可同时解决硫和镁、铁元素的供应。

镁源：硫酸镁［$MgSO_4 \cdot 7H_2O$］（图 3-6）。

钼源：钼酸铵［$(NH_4)_6Mo_7O_{24} \cdot 4H_2O$］。

图 3-5　七水硫酸亚铁

图 3-6　五水硫酸铜

(3) **螯合剂**　螯合剂与某些金属离子结合可形成螯合物，能长期保持金属离子的有效性。例如，为了解决在营养液中铁离子的沉淀或氧化失效问题，常将 Fe^{2+} 与螯合剂乙二胺（$H_2NCH_2CH_2NH_2$）作用形成稳定的铁螯合物。常见的螯合剂有乙二胺四乙酸（EDTA）、二乙酸三胺五乙酸（DTPA）、1,2-环己二胺四乙酸（CDTA）、乙二胺二邻羟苯基乙酸（EDDHA）、羟乙基乙二胺三乙酸（HEEDTA）。除铁以外的其他金属离子如 Mn^{2+}、Zn^{2+}、Cu^{2+} 等在营养液中的有效性较高，无需制成螯合物使用。

2. 营养液配制技术

(1) **配制原则**　配制方法有两种：其一，浓缩液稀释法，即先配制浓缩液，使用时再稀释成栽培液用于栽培蔬菜；其二，直接配制法，即用水和肥料配制成可以直接栽培蔬菜的营养液。本书介绍前者。

配制营养液的关键是保持营养液中各种元素的有效性，避免产生沉淀，是否产生沉淀取决于浓度。根据化学的容度积公式，某些化合物在高浓度时混合会形成沉淀，但分别稀释一定倍数后再混合就不会产生沉淀。因此，在配制浓缩液时要先将容易产生沉淀的肥料分类溶解。容易产生沉淀的离子是 Ca^{2+} 和 $SO_4{}^{2-}$、$PO_4{}^{3-}$，必须分开，也就是说在配制浓缩液时，硝酸钙不能和硫酸盐（如硫酸镁）、磷酸盐（如磷酸二氢铵）混在一起，否则容易产生硫酸钙或磷酸钙沉淀。

(2) **浓缩倍数**　根据配方中各种化合物的用量及其溶解度来确定其浓缩倍数。浓缩倍数太高，肥料溶解较慢，操作不便，溶解的肥料还会因过饱和而析出。通常，大量元素肥料配制成浓缩 100、200、250 或 500 倍液，而微量元素由于其用量少，可配制成 500 或 1 000 倍液。为方便操作，阳台种菜所有浓缩液均习惯采用 100 倍这一浓缩倍数。

（3）分罐　把相互之间不会产生沉淀的化合物放在一起溶解。通常用 3 个贮液罐（习惯上将贮存营养液的容器称作“罐”），分别盛放浓缩 A 液、浓缩 B 液和浓缩 C 液（图 3－7）。

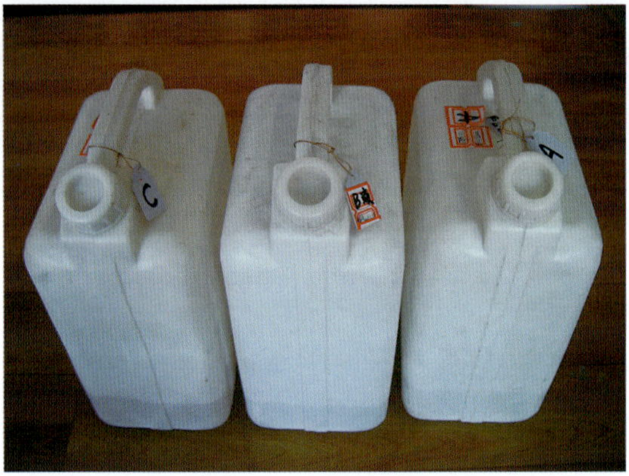

图 3－7　3 种浓缩液

浓缩 A 液——以钙盐为中心，凡不与钙盐产生沉淀的化合物均可放置在一起溶解，习惯上只溶解硝酸钙。

浓缩 B 液——以磷酸盐为中心，凡不与磷酸盐产生沉淀的化合物可放置在一起溶解，习惯上溶解除硝酸钙以外的所有大量元素肥料。

浓缩 C 液——将微量元素放在一起溶解，使用螯合剂时，要先将螯合剂与金属离子配制成螯合物后，再用于配制浓缩液。

（4）称量　大量元素肥料通常使用感量 0.1 克的托盘天平，称量时注意先在托盘上铺硫酸纸、白纸或薄膜，不要让肥料直接接触托盘（图 3－8）。微量元素肥料应该使用较为精确的感量 1/1 000～1/10 000克的电子天平称量（图 3－9）。将肥料瓶分为 3 组，即浓缩 A 液肥料为一组，浓缩 B 液肥料为一组，浓缩 C 液肥料为一组。每个肥料瓶前放一张纸，纸上标明肥料的用量、名称。称肥料时，一定要核实肥源，做到名物相符，切勿张冠李戴，尤其是化学名称相近的肥料更应注意。例如，千万不能将 EDTA－Na_2 当成 EDTA－$FeNa_2$。称量要准确，要反复核对配方要求的量与实际称量的量是否一致。称量后将肥料倒在对应的纸上。全部称完再最后检查一遍（图 3－10）。

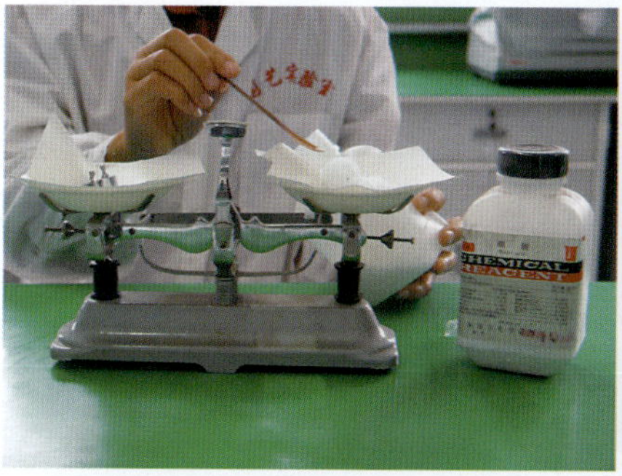

图 3－8　大量元素肥料称量

图 3－9　微量元素肥料称量

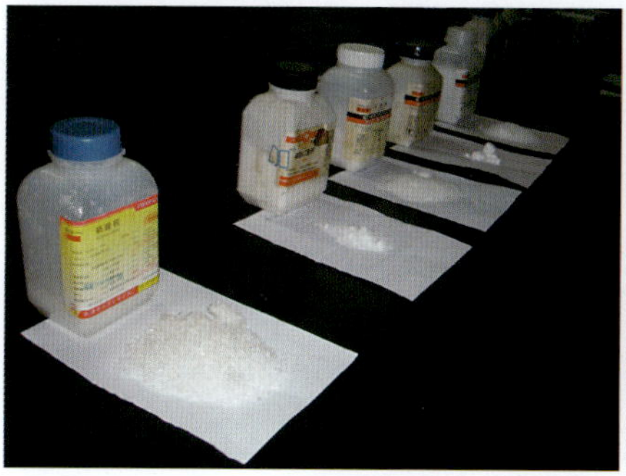

图 3－10　称量后的肥料与容器对应以便核对

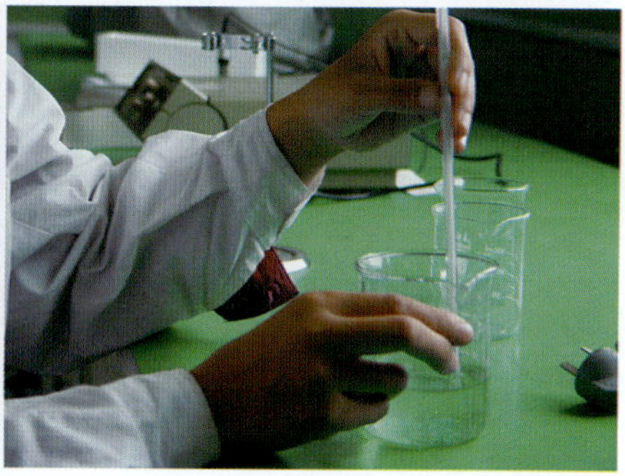

图 3－11　各种肥料分别溶解

（5）**溶解**　准备多个干净的烧杯，烧杯中加入少量水，将 A、B 液的肥料每一种放入一个烧杯中，用玻璃棒搅拌，分别溶解，之所以不混合溶解是为了避免失误和减少失误时造成的损失。有些肥料，如硝酸钾，溶解起来很困难，需要搅拌较长时间，要有耐心，不要用玻璃棒碾压，避免杵破杯底（图 3－11）。烧杯中不要多加水，以防 B 液多种肥料溶液混合后超出预计容量。

A 液中只有硝酸钙，溶解后直接用容量瓶定容至预定体积（图 3－12）。B 液通常需要 3～5 种肥料配制，可以将已经溶解的各种肥料溶液汇集到大烧杯中，搅拌均匀，然后用容量瓶定容至预定体积（图 3－13）。

图 3－12　定　容

图 3－13　汇集 B 液肥料溶液

配制 C 液的过程要繁琐一些，取两个烧杯，加清水，分别放入 $FeSO_4 \cdot 7H_2O$ 和 EDTA－Na_2，不断搅拌使之溶解。EDTA－Na_2 较难溶，搅拌多时仍呈不透明的乳白色，操作者必须耐心搅拌使之溶解成透明溶液方可用于螯合。溶解后，将溶有 $FeSO_4 \cdot 7H_2O$ 的溶液缓慢倒入 EDTA－Na_2 溶液中，边倒边搅拌，配制成螯合铁（Na_2Fe－EDTA）溶液，溶液呈浅黄色（图 3－14）。然后将螯合铁作为一种肥料溶液，和配置 C 液的其他各种微量元素肥料溶液混合，边加边搅拌，配制好的 C 液呈漂亮的蓝绿色，略偏黄（图 3－15）。最后加清水到预计体积搅拌均匀即可。

图 3－14　配好的螯合铁溶液呈黄色

图 3－15　浓缩 C 液呈蓝绿色

（6）**稀释**　浓缩液不能直接用于栽培蔬菜，必须先稀释才能使用。向盛装栽培液的容器中注入60％～70％的水，用量筒量取浓缩A液并倒入其中，搅拌均匀。然后量取浓缩B液，边倒边搅拌，以免局部浓度过高。也可先用较大量的清水将浓缩B液稀释后再缓慢地倒入，边倒便搅拌。再量取浓缩C液，按照浓缩B液的加入方法加入容器中（图3－16）。最后加水至最终体积，搅拌均匀后，即可用于栽培蔬菜（图3－17）。操作过程中，千万注意不能先把三种浓缩液混合，再加清水。

为了防止长时间贮存浓缩营养液产生沉淀，可加入少量10%的稀硫酸，将溶液pH调整到3~4，而后应将配制好的浓缩液置于阴凉避光处保存。尤其是浓缩C液，最好用深色容器贮存。

图3－16　浓缩液稀释

图3－17　加水定容

（二）基质

基质是阳台种菜的介质，基质培、部分水培以及育苗都需要基质，其主要作用是支撑植株、保持水分、透气，有些基质还能提供营养并具有对养分和酸碱的缓冲作用。本书只简要介绍阳台种菜常用的基质。基质并不是只在无土栽培中应用，土壤栽培时，也可加入基质来提高土壤通气性、增加养分含量、改良土壤结构。

1. 基质分类

（1）**无机基质**　主要有蛭石、珍珠岩、陶粒、火山岩、砾石、沙等，多数性质稳定，属于惰性基质。

1）蛭石　为多孔的海绵状物质，质地较轻，每立方米重 80～160 千克。总孔隙度大，持水孔隙数量多，具有良好的透气性和保水性；保肥力和缓冲能力强；含钙、镁、钾、铁，可被作物吸收利用。常与草炭混合使用进行复合基质栽培，也可用作土壤疏松剂。单独使用时如 pH 偏高需加酸调整。结构易破碎，孔隙变小，运输或栽培过程中不能重压。栽培上应选用颗粒状蛭石，而不使用粉末状蛭石（图 3－18）。

图 3－18　蛭　石

图 3－19　珍珠岩

2）珍珠岩　白色、质轻，呈颗粒状，粒径为 1 毫米左右，总孔隙度 93%，可容纳自身重量 3～4 倍的水。易于排水和通气，化学性质稳定。呈中性，阳离子代换量小，含有硅、铝、铁、钙、锰、钾等氧化物。不分解，易破碎。可单独使用，但质轻，浇水过猛易飘浮，多与草炭等有机基质混合使用（图 3－19）。

3）火山岩　为多孔蜂窝状的块状物，像炉渣，打碎后使用。一般呈灰褐色、红褐色。粒径为 3～15 毫米，孔隙度为 27%，持水量为 19%。火山岩不易破碎，结构良好，但持水能力较差。常与草炭或沙混合使用，亦可单独使用（图 3－20）。

4）陶粒　从切面看，内部为蜂窝状的孔隙构造，化学成分受原料影响，pH 在 4.9～9.0 之间，有一定的阳离子代换量。陶粒排水通气性能良好，可单独或混合使用。在连续使用后，颗粒内部及表面吸持的盐分会导致通气和养分供应困难，且难以用水洗去（图 3－21）。

图 3 - 20　火山岩

图 3 - 21　陶　粒

（2）有机基质　来源丰富，主要有草炭、椰糠、炭化稻壳、菇渣、锯末、树皮、刨花 、蔗渣 、玉米秸、向日葵秆、玉米芯等。

1）草炭　来自泥炭藓、灰藓、苔草和其他水生植物的分解残留体。草炭分布很不均匀，北方多，南方少。根据草炭形成的地理条件、植物种类和分解程度的不同，可分低位、中位和高位三类。草炭质地细腻，持水力强，具有良好的通气性和阳离子交换量，富含有机质，并含有丰富的营养物质，具有较强的缓冲能力。草炭呈酸性，pH 常小于 4。草炭多与其他基质混合使用，其用量为 25%～75%（体积）（图 3 - 22）。

图 3 - 22　草　炭

图 3 - 23　椰　糠

2）椰糠　椰子壳纤维粉末，是目前世界上十分流行的一种有机基质。有人乐观地认为这种基质能代替不可再生的草炭。椰糠通气保水能力强，还含有某些可促进根系生长的植物生长调节剂，并对根部病害有抑制作用。可与草炭混合制成的砖状压缩块，在吸水后能膨胀，体积可增大5倍（图3－23）。

3）炭化稻壳　稻壳加温炭化后称为炭化稻壳，多用于无土育苗。碳化稻壳容重小，质地轻，总孔隙度达82%，通气性好，保水力强，不易发生过干或过湿现象；pH 6.5，如果使用前未经水洗，因炭化形成碳酸钾的缘故，pH常达9.0以上。炭化稻壳含有蔬菜生长需要的多种营养成分，如氮、磷、钾、锰、锌、硼等，尤其是钾的含量十分丰富，每100克中含可溶性钾190～300毫克。炭化稻壳使用时应加入适量的氮，以调节碳氮比。作盆栽基质时，其用量不能超过基质总体积的25%（图3－24）。

图3－24　炭化稻壳

图3－25　未经处理的菇渣

4）菇渣　以棉子壳为主要成分的废弃的食用菌培养料，可作无土栽培基质用，使用前要消毒。袋装菇渣因有大量菌丝，纠结成块状，可大量灌水，然后覆盖辅料薄膜，当菌丝腐烂后菇渣会自然破碎。如急于使用，也可用工具或机械破碎，然后过筛（图3－25）。

2. 基质混配

由两种或两种以上基质按一定的体积比混合而成的基质称为复合基质，也叫混合基质。由于每种基质都有独特的理化性质，气水比、pH、微量元素含量、分解速度（有的则不分解）各不相同，所以使用单一基质并不一定正好符合栽培需要，而复合基质组分互补，总的理化性能得以改善，自然会更优良。基质混合的总要求是：容重适宜，孔隙度增加，水分和空气的含量提高，理化性质优良。生产上一般以 2～3 种基质相混合为宜。

以下是国内外常用的一些复合基质配方：

配方 1：1 份草炭、1 份珍珠岩、1 份沙。

配方 2：1 份草炭、1 份珍珠岩。

配方 3：1 份草炭、1 份沙。

配方 4：1 份草炭、3 份沙；或 3 份草炭、1 份沙。

配方 5：1 份草炭、1 份蛭石。

配方 6：4 份草炭、3 份蛭石、3 份珍珠岩。

配方 7：2 份草炭、2 份火山岩、1 份沙。

配方 8：2 份草炭、1 份蛭石、1 份珍珠岩；或 3 份草炭、1 份珍珠岩。

配方 9：1 份草炭、1 份珍珠岩、1 份树皮。

配方 10：1 份刨花、1 份炉渣。

配方 11：2 份草炭、1 份树皮、1 份刨花。

配方 12：1 份草炭、1 份树皮。

配方 13：3 份玉米秸、2 份炉灰渣；或 3 份向日葵秆、2 份炉灰渣；或 3 份玉米芯、2 份炉灰渣。

配方 14：1 份玉米秸、1 份草炭、3 份炉灰渣。

配方 15：1 份草炭、1 份锯末。

配方 16：1 份草炭、1 份蛭石、1 份锯末；或 4 份草炭、1 份蛭石、1 份珍珠岩。

配方 17：2 份草炭、3 份炉渣。

配方 18：1 份椰子壳、1 份沙。

配方 19：5 份葵花杆、2 份炉渣、3 份锯末。

配方 20：7 份草炭、3 份珍珠岩。

最常用的复合基质多由草炭、蛭石、珍珠岩等混配而成，种植者也可以自己因地制宜，就地取材，探索复合基质配方（图 3－26）。

图 3-26 配制复合基质的三种常用原料

图 3-27 基质混配

混合时，如果用量较小，可将各个组分置于水泥地面上，用平锹搅拌。干燥草炭一般不易弄湿，需提前一天喷水。把大的草炭块尽量弄碎，以利植物根系生长。配制时，可预先混入一定的肥料，例如：每升基质可混入氮磷钾复合肥（15-15-15）0.5 克，或硫酸钾 0.5 克、硝酸铵 0.25 克、过磷酸钙 1.5 克、硫酸镁 0.25 克，将肥料溶解成 400 倍溶液，喷淋到基质上混入。用预混肥料的方法补充基质养分，栽培前期就可以不浇灌营养液而只浇灌清水（图 3-27）。

基质生产企业在混配基质后，应测定盐分含量，以防肥害。方法是：取风干的复合基质 10 克，加入饱和硫酸钙溶液 25 毫升，浸泡、振荡 10 分钟，取过滤液测电导度。如电导度小于 2.6 毫西/厘米，对各种蔬菜均无害，如为 2.6～2.7 毫西/厘米，某些蔬菜会受到轻微伤害，如为 2.7～2.8 毫西/厘米，所有蔬菜的根系均会受害，生长受阻；超过 2.8～3.0 毫西/厘米蔬菜不能生长。

3. 基质消毒与更换

（1）基质消毒 基质在长时间使用后会聚集病菌和虫卵，每茬栽培前应进行消毒。

1）热水消毒 将基质置于水泥地面，淋入开水，并不断翻动，使基质均匀受热，利用高温烫死病菌，此法简单有效，基质量少时适用。

2）太阳能消毒 高温夏季，约 6 月底至 8 月初，把基质堆至 20～25 厘米高，喷湿，使其含水量达到 80%，然后覆盖塑料薄膜，密闭升温，10～15 天后即可完成消毒。

3）蒸汽消毒 适宜企业进行大量基质消毒。将基质装入容积1～

2米^{3}的铁皮柜或箱内，用通气管通入蒸汽进行密闭消毒。一般在70～90℃条件下持续30分钟即可。基质体积不可过多，否则不能彻底杀死处于内层基质的病菌或虫卵。基质含水量应在35%～45%之间，过湿或过干都会影响消毒效果。

(2) 基质更换 基质使用1～3年后，各种病菌、作物根系分泌物和烂根等大量积累，物理性状变差，特别是有机残体为主体材料的基质，由于微生物的分解作用使得这些有机残体的纤维断裂，导致基质通气性下降，保水性过高，因而要更换基质。较易分解的基质如泥炭、蔗渣、木屑等，可经消毒处理后，配以一定量的新材料后反复使用，也可与土壤混合而作为改良剂使用。

(三) 无土育苗

1. 穴盘育苗 穴盘是分格的，因此穴盘苗根系与基质紧密结合在一起，根坨呈上大下小的塞子状，不易散落，移栽时不会伤根，定植后缓苗迅速，育苗密度高，节约空间（图3-28）。

图3-28 穴盘苗的根坨

图3-29 普遍应用的72孔穴盘

(1) 穴盘 定型塑料制品，其上有上大下小的小穴，穴底有孔供排水通气，每穴育苗1～2株。常用的有：72孔穴盘，用于育黄瓜、番茄、茄子等果菜幼苗；128孔穴盘，用于培育辣椒、甘蓝类蔬菜以及各种叶类菜幼苗（图3-29）。

(2) 基质 可用多种基质育苗，如蛭石、珍珠岩、煤渣、炭化稻壳、草木灰、锯末、草炭、甘蔗渣等，但最常用基质是蛭石、珍珠岩、草炭。培育水培用苗，可用单一基质，比如蛭石或珍珠岩，定植前清洗根系时容易将基质和根系分离。基质栽培或土壤栽培用苗，最好使用复合基质，如草炭、蛭石按1∶1或2∶1混合，草炭、蛭石、锯末按1∶1∶1混合。混配基质时，草炭和珍珠岩要提前喷水湿润。

(3) 播种　将基质装盘，表面刮平（图3-30、图3-31）。如果基质湿度不够，可用小喷壶喷水（图3-32）。在装好基质的穴盘上面叠放一个同型号穴盘，用双手摁住上面的穴盘向下压，这样，会在下面穴盘基质表面压出深约0.5厘米的凹穴。注意，不要将基质压得太实（图3-33）。

图3-30　基质装盘

图3-31　刮　平

图3-32　喷　水

图3-33　叠盘摁压

每穴播种1粒，不必多播。如果同一穴内播种多粒，出苗后要用剪刀将多余的幼苗从茎基部剪断，不要用手拔苗（图3-34）。播种后，在穴盘表面覆盖蛭石，无论穴盘中填装的是复合基质，还是单一的蛭石，覆盖基质都用蛭石（图 3－35）。然后用喷雾器喷水，再覆盖薄膜保温、保湿，促进发芽（图 3－36、图 3－37）。

图 3－34　播　种

图 3－35　覆盖蛭石

图 3－36　喷　水

图 3－37　覆盖地膜保湿

（4）管理　出苗后及时除去覆盖物，注意保证光照充足。幼苗生长前期，用喷雾器喷灌营养液，以免将基质冲起，后期改用喷壶。喷营养液与喷水交替进行，夏季气温高，每天喷水 1 次，每隔 1 天喷营养液 1 次；冬季每 2～3 天喷 1 次水或营养液。前期使用低浓度营养液，通常为栽培用营养液浓度的 50%，后期逐步恢复为标准浓度。如果基质中含有大量草炭，由于其本身含有丰富的营养，前期可不喷营养液，后期也可以用 0.1%复合肥浸泡液代替营养液。营养液 pH 以 5.8～6.5 为宜（图 3－38、图 3－39）。

图 3 - 38　穴盘羽衣甘蓝幼苗

图 3 - 39　穴盘叶菾菜幼苗

2. 平底盘育苗

（1）苗盘及基质　水培多采用平底盘育苗，此法便于手工操作，播种速度快。可以采用草炭、蛭石混配的基质，或蛭石、沙等单一基质，使用单一基质在水培定植时便于清洗根系。无论复合基质还是单一基质，都要先喷水拌湿。常用的平底育苗盘长 60 厘米，宽 24 厘米，高 3.5～6 厘米，使用时先清洗（图 3 - 40）。

图 3 - 40　平底育苗盘

图 3 - 41　装填基质后刮平

（2）播种　在平底盘中铺好基质，用板刮平，再稍加摁压（图 3 -41），使之平整而紧实（图 3 - 42）。撒播种子，种子间距 2～3 厘米（图 3 - 43）。播种后再覆盖一层蛭石，用手抹平或用板刮平，厚度为 0.5～1 厘米（图 3 - 44、图 3 - 45）。覆盖基质之后一般不再浇水，以免冲起基质，如果浇水，需要用喷雾器喷水，之后覆盖薄膜保温保湿。

图 3 - 42　摁压基质

图 3 - 43　播　种

图 3 - 44　覆盖蛭石

图 3 - 45　覆盖蛭石后刮平

(3) 苗期管理　使用蛭石或沙子作为基质时，必须浇灌营养液，前期浓度为正常营养液的 0.5 剂量，定植前可以提高到正常剂量。如果采用含有草炭的复合基质育苗，可以喷灌复合肥浸提液。营养液的管理方法参见前述穴盘育苗部分（图 3 - 46、图 3 - 47）。

图 3 - 46　平底盘番茄幼苗

图 3 - 47　平底盘京水菜幼苗

3. 营养钵育苗

（1）营养钵及基质 一般用于复合基质栽培中的大株型蔬菜育苗。塑料营养钵多由黑色聚乙烯制成，价格低廉。主要规格为6～13厘米×6～13厘米（钵口直径×高）（图3－48）。通常使用草炭等有机基质和蛭石、珍珠岩等无机基质配制而成的复合基质，其中可以掺入黄粉虫粪、蚯蚓粪、烘干鸡粪等肥料。

图3－48 各种规格的营养钵

图3－49 播 种

（2）播种 种子先进行消毒、浸种、催芽等常规处理，然后向营养钵中装入基质，不要装满，基质表面距离钵沿要有2厘米的距离，以便浇水时存水。向营养钵中浇水，水要浇透，以底孔有水流出为度。播种时要将种子播在营养钵基质表面中央位置，种子平放，胚根向下（图2－49）。然后覆盖湿润的蛭石，蛭石既保湿又透气，有利于促进种子发芽，减轻苗期病害。

（3）播种后管理 播种后覆盖薄膜保湿，出苗后揭开薄膜。由于含有草炭的基质中含有丰富的养分，播种后可以只浇清水，不浇营养液，只在育苗后期基质中养分减少时，才浇灌0.5剂量营养液或复合肥浸提液。定植前改用正常剂量营养液。幼苗长大后，拉大营养钵间距离，避免拥挤（图3－50、图3－51）。

4. 营养块育苗 营养块是以草炭为主要原料，加入了无机基质、肥料、杀菌杀虫剂，并调节了酸碱度，然后利用机械压制而成的基质块。既可为无土栽培中的基质培育幼苗，也可用于土壤栽培。营养块育苗基本过程如下：

图 3-50　营养钵黄瓜幼苗

图 3-51　营养钵落葵幼苗

（1）**苗床**　准备较大的箱或槽，内部铺塑料薄膜，以防浇水后渗漏。将营养块摆放在薄膜上，按蔬菜种类和苗龄确定营养块间隔距离，一般间距为 1～2.5 厘米。

（2）**浇水**　先对摆放好的营养块自上而下雾状喷水 1～2 次，再从薄膜边缘灌水，淹没块体，水吸干后再灌 1 次，让营养块从下而上慢慢吸收，当营养块吸水浸润位置距离上表面 2 毫米左右停止浇水。再喷水，使营养块完全疏松膨胀，用牙签、铁丝等细物扎刺营养块没有硬芯即可。浇水后，2 天内不要移动营养块（图 3-52）。

图 3-52　从营养块缝隙浇水

图 3-53　播　种

（3）**播种**　浇水膨胀后 3～5 小时，将经过浸种催芽的种子、干籽或小苗放入营养块的孔穴中（图 3-53）。播种后覆盖或填充草炭、蛭石混配的复合基质（有些产品包装箱内附带有覆盖用的基质；如果是为土壤栽培育苗时，可以覆盖营养土）。覆盖基质后不要立即浇水，以免板结（图 3－54）。

图 3－54　覆盖基质

图 3－55　用营养块培育的黄瓜幼苗

（4）管理　苗期浇水应让水从营养块间或苗床边缘缓慢流入，使水自下而上渗入块体。切忌喷水，避免积水。瓜类蔬菜 2 叶、茄果类蔬菜 3～4叶时，拉大营养块间距。营养块中养分充足，苗期无需施肥（图 3－55）。

5. 岩棉育苗

（1）岩棉育苗块　用岩棉育苗主要是为水培提供幼苗。根据蔬菜种类确定岩棉育苗块的形状和大小。主要规格为 3～7 厘米×3～7 厘米，其中应用最多的是与穴盘配合使用的小型岩棉育苗块（图 3－56）。岩棉块要用清水浸泡 24 小时后方可使用（图 3－57）。

图 3－56　育苗小块与穴盘配合使用

图 3－57　使用前用清水浸泡

（2）**播种及管理** 选用穴盘或平底育苗盘作育苗容器。还可以选用箱子或水泥槽作容器，在底部要铺一层塑料薄膜，防止营养液渗漏。

播种时，直接将种子播入育苗块中央的小孔中（图 3－58）。初期，用稀的营养液浇灌，保持湿润，出苗后，每天浇灌营养液，可以把苗盘放在塑料箱中，让苗盘底部维持 0.5 厘米以下的液层，通过岩棉块底部的毛细管作用吸水吸肥（图 3－59）。使用低浓度营养液，通常为标准剂量的 1/4～1/2。如配方本来的浓度较低，则用全剂量。

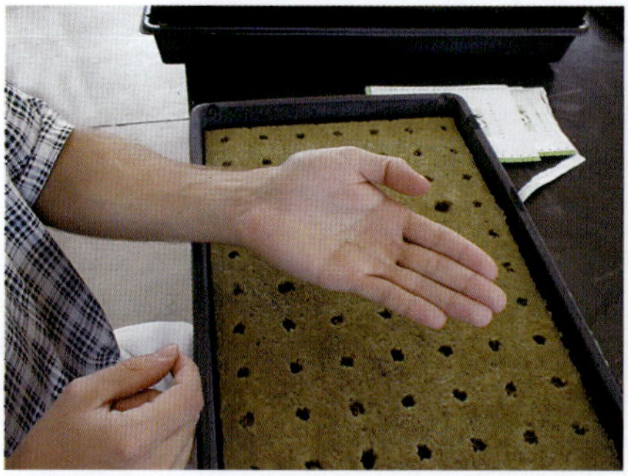

图 3－58 平底盘岩棉块播种

图 3－59 箱底留存浅层营养液育苗

除上述育苗方式外，还有定植杯育苗、聚氨酯育苗、蛭石苗床育苗、丝瓜纤维育苗、纸卷育苗等。

（四）无土栽培

这里主要介绍几种适宜家庭采用的小型化无土栽培技术，此类技术实用美观，操作简单，能将阳台种菜水平提高到一个新的层次。

1. 小型管道水培

（1）**装置结构** 该系统长 228 厘米、宽 126 厘米、高 90 厘米，可根据空间调整尺寸。主要由支架、栽培管、贮液箱、水泵和定时器等构成（图 3－60、图 3－61、图 3－62）。

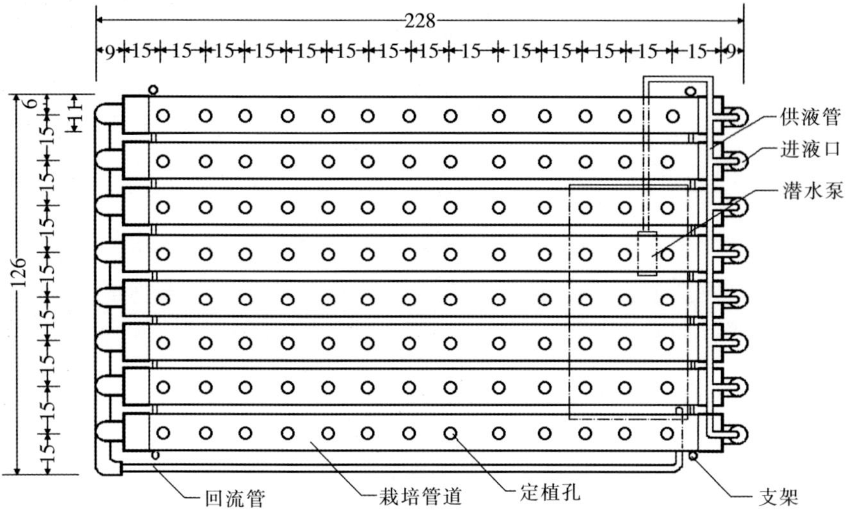

图 3－60　管道水培装置俯视图（单位：厘米）

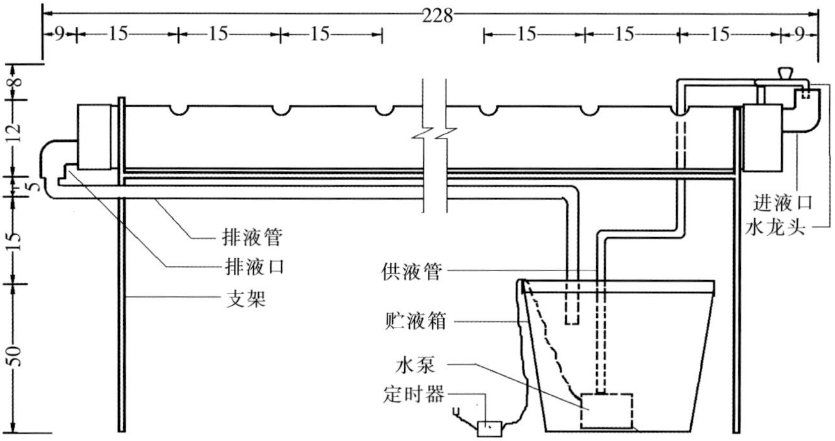

图 3－61　管道水培装置侧立面图（单位：厘米）

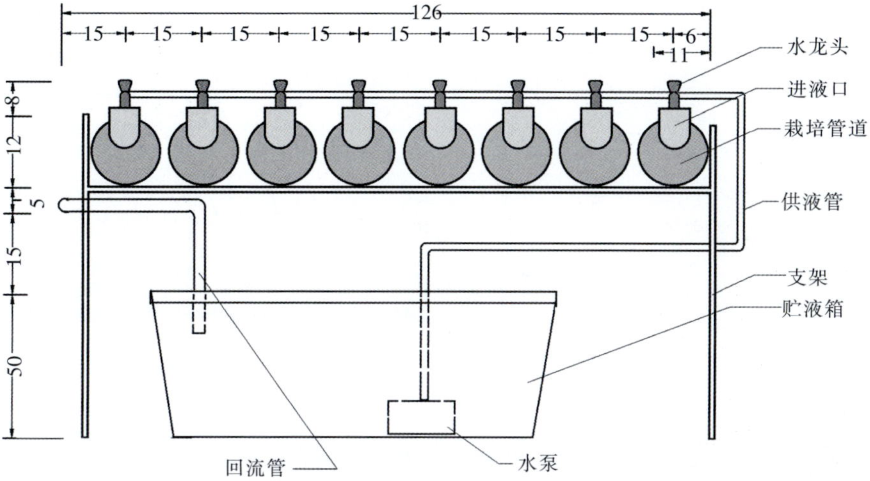

图 3 - 62　管道水培装置正立面图（单位：厘米）

支架由厚壁镀锌钢管焊接而成，可拆卸、组装。栽培管主体用直径 110 毫米的 PVC 塑料管制作，每根管道上打 13 个定植孔，孔径 3 厘米，孔距 15 厘米。管道两端为 110 毫米→50 毫米变径堵芯，孔口在上方，这种堵芯可以让栽培管始终保持一定深度营养液（图 3 - 63）。堵芯上连接 50 毫米弯头，供液端的弯头朝上，承接供液水龙头，排液端的弯头朝下，连接排液管（图 3 - 64、图 3 - 65）。塑料贮液箱宽 40 厘米，长 60 厘米，高 50 厘米。水泵功率 45 瓦，开闭受电子定时器控制（图 3 - 66）。

图 3 - 63　变径堵芯能保持栽培管液位

图 3 - 64　往堵芯上安装弯头

图 3－65　安装栽培管堵芯

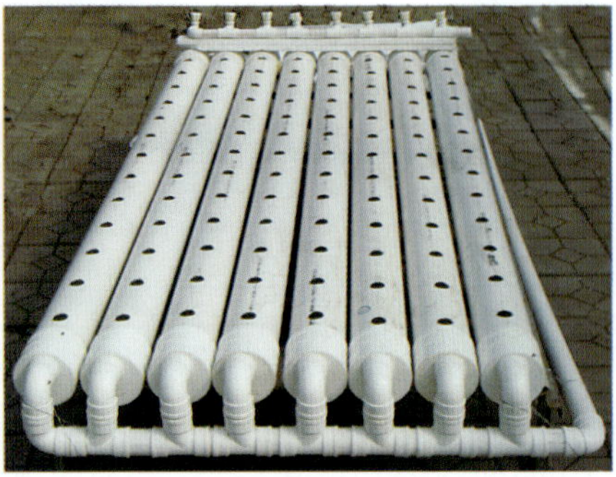

图 3－66　制作好的管道水培装置

（2）管理技术

1）育苗　用蛭石作育苗基质，幼苗具有 2～3 片真叶或大小适宜时，用清水浸泡苗盘，提取幼苗，洗去根部附着的基质，用长 10 厘米的无纺布条包裹根系，然后用 2 厘米×2 厘米×5 厘米的聚氨酯方块包裹无纺布条上端及茎基部，将幼苗根系连同无纺布条插入栽培管的定植孔，密集地栽到定植板上（图 3－67）。然后将定植板安放在水培箱上进行寄养，待长出较长根系后再行定植（图 3－68）。

图 3－67　移　栽

图 3－68　寄　养

2）定植　先向贮液箱中注满营养液，开启水泵，向栽培管加液。将已经具有较长根系的幼苗连带无纺布、聚氨酯拔出，插入栽培管道上的定植孔中（图 3－69）。

3）营养液管理　管道水培通常用于栽培叶用莴苣、苦苣、芹菜、叶莕菜、落葵、空心菜等叶菜（图 3－70）。选用叶菜类蔬菜配方，营养液要每天白天循环 3 次，每次 3 分钟，各栽培管的流量可以通过调节水龙头使之尽量一致。生长旺盛期，营养液消耗快，要及时补液。栽培过程中不需要更换营养液，待栽培 2～3 茬后，再彻底更换营养液（图 3－71）。

图 3－69　定　植

图 3－70　管道水培叶莕菜

图 3－71　旺盛生长的叶用莴苣（生菜）

图 3－72　叶用莴苣植株

4）采收　植株长成后，可以将植株连同根系一起拔出，整株采收，也可用掰叶的方式多次、连续采收（图 3－72）。

（3）其他管道水培装置简介　可以根据管道水培装置设计的基本理念，充分发挥想象力，设计各种各样装置，比如，可以使用网杯，以陶粒、珍珠岩等作栽培基质（图 3－73、图 3－74）；也可以在定植孔中插 PVC 短管，其中放置岩棉育苗块，等等（图 3－75、图 3－76）。

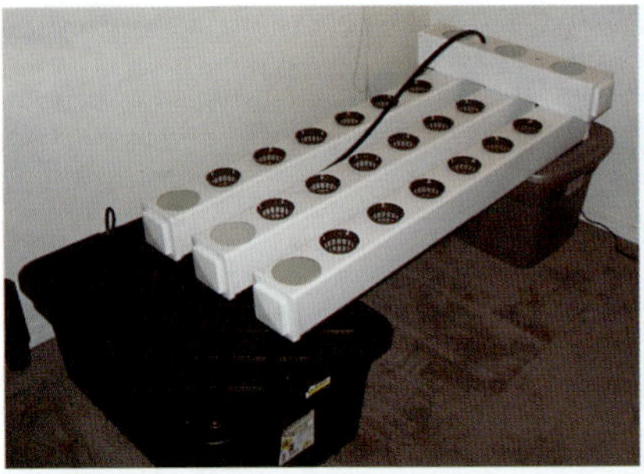

图 3－73　陶粒定植杯方管水培装置

图 3－74　复合基质定植杯管道水培装置

图 3－75　简易管道水培

图 3－76　短管中生长的蔬菜

2. 小型深水培

（1）灯芯深水培　这类深水培在定植蔬菜时使用了无纺布，可以通过无纺布毛细管作用吸取营养液保持根系湿润，作用原理类似灯芯。

1）小型气泵深水培　用小型泡沫塑料槽、聚苯乙烯泡沫塑料箱或硬质塑料周转箱作容器（图 3－77、图 3－78）。根据栽培容器的容积确定定植蔬菜的株数。对于大株蔬菜，如黄瓜、厚皮甜瓜、南瓜、番茄等，要求每株蔬菜有 7～10 升的营养液；对于小株蔬菜，如生菜、芹菜等，要求每株有 0.5～1.0 升营养液。

用小型气泵增氧，在电机的作用下将空气压入导管，而后通过砂质喷头，放出大量细小的气泡，气泡可大幅度提高空气与营养液的接触面积，从而提高营养液的溶氧量（图 3－79）。小的增氧泵的功率一般只有 4 瓦，通常有 2 个接口，可接 2 个砂质喷头，使用时为使增氧

图 3－77　小型泡沫塑料栽培槽

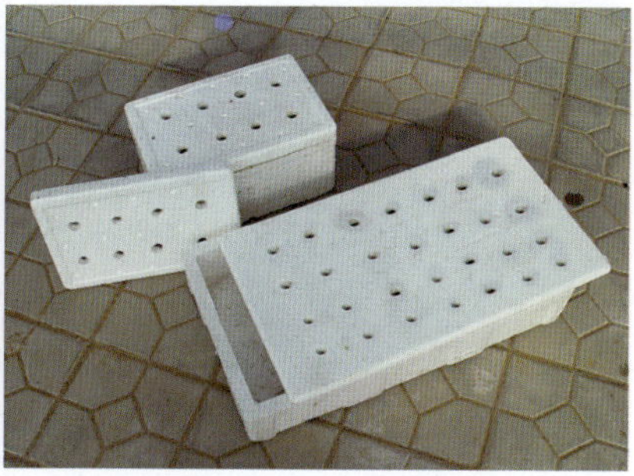

图 3－78　泡沫塑料箱

效果均匀，可用三通连接更多的喷头，均匀地摆放在栽培槽底部（图 3－80、图3－81）。因为蔬菜植株有一部分根系暴露在营养液表面以上的空气中，所以增氧泵无需终日工作，每天启动 3～6 次，每次通气 10～20 分钟即可。气泵的启动和关闭可由定时器控制（图 3－82）。

图 3－79　使用气泵的箱式水培装置

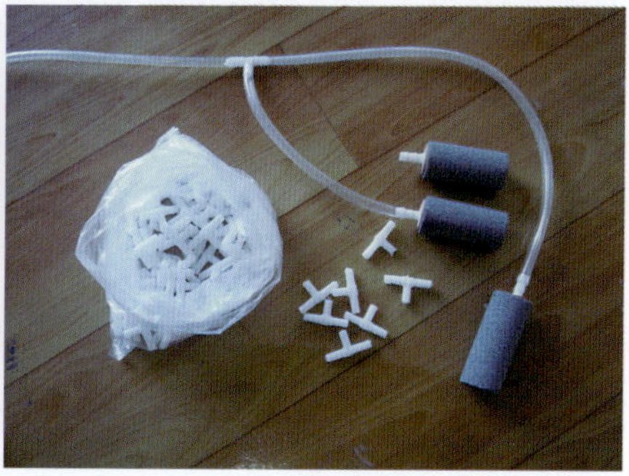

图 3－80　砂质喷头及三通

图 3－81　气泵增氧

图 3－82　增氧条件下叶用莴苣根系生长旺盛

2）灯芯静止深水培　不使用气泵增氧和水泵循环，定植后不再增氧，可用于栽培生菜、苦苣、叶菾菜等耐低氧环境的叶菜。通常用泡沫箱、陶瓷盆、塑料箱等作容器，营养液深度宜控制在 10～15 厘米。用 2～3 厘米厚的聚苯乙烯泡沫塑料板制作定植板，泡沫箱可以直接用箱盖作定植板。用适当粗度的铁管烫出直径为 2～3 厘米的定植孔（图 3－83）。不能用硬塑料板和金属板制作定植板，因其被晒后升温快，容易烫伤植株。

图 3－83　箱盖上烫定植孔

图 3－84　铺薄膜防渗

定植前先在栽培箱底部铺一层薄膜，防止营养液渗漏（图 3－84）。然后用浓缩液配制栽培液，液位应距离定植板 1～2 厘米，如果液位低，定植后植株成活率降低，且不利于生根。采用蛭石育苗，成苗后将穴盘、平底盘倒扣在水中，清洗根系。应该用长时间浸泡的方法让基质自然脱落，不要用手揉搓根系，以免伤根，然后换清水，轻轻洗去幼苗根部的基质（图 3－85）。无纺布能像灯芯一样起到吸水的作用，将无纺布剪成长 10 厘米的条，包裹根系，只需一折即可，不要卷成卷，且无纺布只包根系，不能包胚轴或茎。这是因为无纺布毛细管作用吸水，胚轴和茎不具备吸水能力，被无纺布包裹后很容易腐烂（图 3－86）。无纺布外包聚氨酯条，卷折后塞入定植孔中，聚氨酯利用自身弹力将幼苗固定在定植孔中。然后从定植板底部拉一下无纺布条，避免其下端被夹住而不能伸到营养液中。最后将定植板安放到栽培箱上，注意无纺布条不要卷曲，所有布条都要接触到营养液，保证根系湿润。

图 3-85　洗净根系

图 3-86　用无纺布和聚氨酯包裹根系

定植后，一般会经过 3 天左右的缓苗期，如果定植时根系受伤，幼苗下部的叶片会干枯，然后再长出新叶。同时，幼苗会逐渐长出新根，之后便开始旺盛生长，并在根系上部形成大量的起呼吸作用的绒毛状气生根（图 3-87、图 3-88）。栽培过程中不需要增氧。叶菜生长期短，一般也不需要进行营养液酸碱度、浓度的调控，但要注意及时补充营养液，尤其在高温季节或植株生长后期，营养液消耗快，补液更应及时。

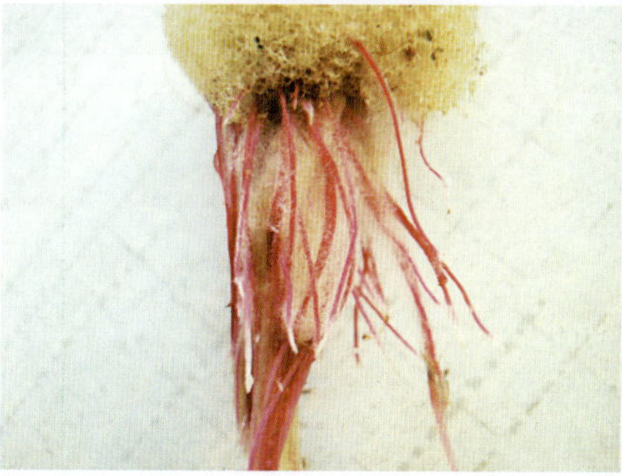

图 3-87　根系上部产生大量的气生根

图 3-88　逐渐长大的叶蒜菜

（2）悬杯深水培　用聚苯乙烯泡沫箱、泡沫塑料栽培槽、塑料箱作栽培容器，用箱盖或泡沫板制作定植板（图 3-89、图 3-90、图 3-91），用自制打孔器打直径 5 厘米的定植孔（图 3-92）。

用定植杯盛装基质，如果购买不到适宜型号的专用定植杯，可以购买塑料饮水杯自制。方法是用电炉把铁丝烧热，然后在水杯的下半部侧壁上和底部烫孔，或用点燃的香头烫孔，孔以尽量多为好，只要杯子不被烫断即可，以供根系伸出进入营养液（图 3－93、图 3－94）。

图 3－89　小型泡沫栽培箱

图 3－90　较大的泡沫栽培箱

图 3－91　自制泡沫塑料栽培槽

图 3－92　在箱盖上烫定植孔

图 3－93　铁丝烫孔

图 3－94　香头烫孔

用草炭、蛭石配制的复合基质育苗，128孔穴盘作育苗容器，成苗后定植。栽培基质也用草炭和蛭石配制，体积比为2∶1，这种复合基质对营养液浓度和酸碱度的变化具有很强的缓冲能力，因此栽培容易成功。如果选用陶粒、珍珠岩、石砾等惰性基质，则对营养液管理的要求会十分严格。定植方法是，向定植杯中加入半量基质，然后拔出穴盘幼苗，置于定植杯中央，四周填充基质，再从表面浇清水，让苗坨与栽培基质紧密接触，多余的水会外渗（图3-95）。用湿布擦去定植杯外壁附着的基质。栽培箱中加入营养液，安放定植杯，将定植杯插入定植孔中。定植杯的底部要接触营养液，但液位不能太高，这种基质不同于陶粒和石砾，如果基质被大量浸没，通气性会降低，容易沤根。栽培能否成功，液位高低和基质配比是关键。

图3-95　移苗入杯

图3-96　初期的供液方法

定植后，水分并不能从定植杯下部依靠毛细管作用浸润定植杯中的所有基质，要从上部浇灌营养液（图3-96）。这一时期，如果基质草炭比例偏高会导致通气性差，这种情况下如果浇水偏多，植株下部叶片叶缘就容易偏黄或干枯，几天后根系伸出定植杯方能缓解（图3-97）。

这种栽培方式充分利用了基质的缓冲性，因此管理起来十分简单，定植后主要是根据营养液液位补液，基本无需进行其他操作，到栽培后期，根系发达，对营养液深度的要求更不严格（图3-98、图3-99、图3-100）。

图 3－97 定植 7 天后新根伸出定植杯

图 3－98 定植 15 天后出现大量根系

图 3－99 定植后 25 天叶面茂盛

图 3－100 达到采收标准的植株

3. 浮板水培 这种方式习惯使用泡沫塑料箱作栽培容器，用同样质地的聚苯乙烯泡沫塑料板作浮板，浮板漂浮在营养液上，从而无需对液位进行调节，如果选择适宜的栽培期短、抗逆性强的叶菜品种，这将是一种管理最简单的栽培形式，无需进行浓度调控、酸碱度调控、液位调节，不用增氧，也无需进行营养液循环，只需在营养液即将耗尽时补液即可。

制作适宜的浮板是栽培成功的关键，笔者研制了两种方法，均取得了较好的栽培效果。

（1）异径双层浮板水培 上层板厚 2 厘米，定植孔直径 2 厘米，下层板同等厚度，定植孔位置与上层板对应，但直径大，为 5 厘米

(图3－101)。这样设计的目的是，让下层板的定植孔为蔬菜上部根系提供一个空气空间，以弥补根系供氧的不足。采用根系包裹无纺布条的灯芯式定植方法，用聚氨酯将蔬菜固定于上层板，完成整板定植后，再将其安放在下层板上，根系穿过下层板定植孔伸入营养液（图 3－102)。

(2) **大孔悬杯浮板水培**　浮板的厚度依据定植杯高度而定，一般厚 5～7 厘米，泡沫板厚度不足可多层叠加；定植孔孔径依据定植杯粗度而定，要求定植后定植杯底部能接触到营养液（图 3－103)。用草炭和蛭石配制复合基质，草炭：蛭石＝1.5～2：1，栽培成功与否的关键是基质的配比，要求基质气水比适宜，植株主要依靠上部根系从基质空隙中获得氧气进行呼吸，依靠下部根系伸入营养液中吸收水分和养分（图 3－104、图 3－105、图 3－106)。

图 3－101　异径双层浮板的漂浮状态

图 3－102　第二层浮板的大孔径定植孔

图 3－103　两层复合的 7 厘米厚浮板

图 3－104　使用复合基质时的根系生长状态

图 3-105　叶菾菜浮板水培

图 3-106　健壮的叶菾菜植株

除了这两种浮板外，还可以依据浮板水培的原理设计各种栽培装置。比如，用定植杯并用陶粒作栽培基质（图 3-107）；制作木质栽培槽，槽内铺薄膜防渗，用适宜厚度的聚苯乙烯泡沫塑料做浮板；利用玻璃缸做容器，用气泵增氧，并放养特定的鱼类，实现菜鱼共生。此法观赏性强，但要注意不能置于直射光下，以免营养液滋生绿藻（图 3-108）。

图 3-107　使用陶粒的浮板水培

图 3-108　菜鱼共生浮板水培

4. 立管悬杯静止水培　立管悬杯静止水培不使用气泵增氧装置，基质用量也很少，经多次改进，笔者将其定名为立管悬杯静止水培系统，属于半水培技术。这种方式既具有基质培的良好缓冲性能，又吸取了水培供液充足、养分均衡等优点。栽培过程中基质对营养液浓度、养分组成、pH 具有良好的缓冲作用，因而对营养液要求不高，栽培容易成功。

（1）装置制作

1）立管　用直径 65 毫米的 PVC 硬质塑料管（用排水管，不用供水管，因后者比前者价格高）制作立管，先用型材切割机将其截成 25 厘米长的小段。在下端管壁处锯出缺口，深 4 厘米，便于营养液进入立管。在管壁距顶部 5 厘米处打一小孔，用于通气（图 3－109）。

2）悬杯　使用口径适宜的水培杯，也可购买一次性塑料饮水杯，然后点燃四五根香，用香头在塑料杯四周和底部烫出小孔，以此代替定植杯。定植杯底部还可穿入无纺布条，用于吸水。定植杯上粗下细，杯壁与立管管壁之间有一个湿润的空气腔，管壁上有通气孔，使管内空气和外界空气对流。

3）贮液箱　用泡沫塑料箱做贮液箱，内铺塑料薄膜防渗。箱中摆放立管，并承装营养液（图 3－110）。

图 3－109　立管悬杯装置的结构

图 3－110　立管在贮液箱中的放置方法

（2）管理技术

1）育苗与定植　采用穴盘育苗方法，成苗后定植。定植杯底部穿无纺布条，上端蜷缩于杯底，下端伸出用于浸吸营养液（图 3－111）。使用草炭与蛭石按 1∶1（体积比）配制的复合基质，也可用草炭与水洗炉渣按 1∶1 配制复合基质。向定植杯下部加入半量复合基质，然后将幼苗放在中央位置，四周再填充基质固定（图 3－112、图 3－113、图 3－114）。而后将定植杯安放到立管中，将立管放入贮液箱，加入营养液，深度以液面能接触到杯底基质为宜，即使随着消耗，液面降低，营养液也能通过无纺布的毛细管作用上升到基质中。基质中所含的草炭或其他有机物具有很强的缓冲能力，植物可以在营养液不循环的情况下正常生长，而且能忍受营养液浓度变化。

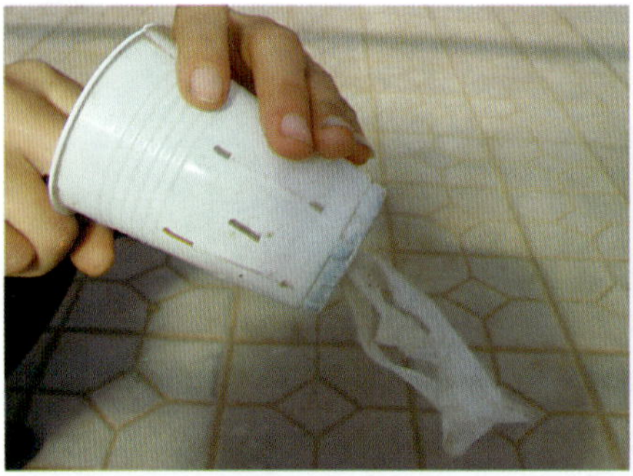

图 3－111　将无纺布条穿过杯底

图 3－112　向杯中填充半量基质

图 3－113　放入幼苗填充基质

图 3－114　对基质表面稍加摁压

2）营养液配方　立管悬杯静止水培基质对营养液的缓冲能力很强，与基质培的缓冲能力近似，因此，在营养液配方的选择上有很大的灵活性。据笔者试验，无论是通用配方，还是专用配方，蔬菜均能良好地生长（图 3－115）。在使用新基质栽培生长期较短的生菜、小白菜等叶菜时，即便使用浓度为 0.3％的农用复合肥浸泡液代替营养液，也能使蔬菜正常完成生长过程，未见异常现象发生。

笔者采用的叶菜通用配方为：硝酸钙813 克/米^3，硝酸钾 548.5 克/米^3，磷酸二氢钾 226.6 克/米^3，硫酸镁 413.8 克/米^3，螯合铁 (EDTA−Fe) 65.7 克/米^3，柠檬酸铁 65 克/米^3，硼酸 1.42 克/米^3，硫酸锰 8.0 克/米^3，硫酸铜 1.5 克/米^3，钼酸铵 0.077 克/米^3，硫酸锌 0.3 克/米^3。

图 3-115　叶菜通用配方的使用效果

图 3-116　立管悬杯装置栽培的生菜

3）营养液管理　营养液的浓度掌握前低后高的原则，最低不低于标准剂量，最高不高于 1.5 个剂量。定植初期，根系尚未从定植杯底孔伸出，必要时，需要从定植杯上面喷灌营养液。初期营养液深度以接触定植杯底部为宜，如果像深水培那样采用石砾、陶粒等惰性大颗粒作基质，液位可以深些，浸没定植杯一半，以后随着生长逐渐降低。如果采用含有草炭的复合基质，在注意严格掌握基质配比的同时，液位调控必须慎重，如果液位高，草炭多，基质通气性差，容易沤根；如果液位低，上部基质又容易干燥，这两种极端情况均不能充分发挥此栽培方式的优越性。不需进行营养液浓度、酸碱度调控，只需根据液位定期加注营养液。蔬菜生长后期，适当降低液面，以增加营养液溶氧量（图 3-116）。

4）蔬菜管理及采收　随着蔬菜生长，逐渐拉开立管距离，给蔬菜足够的生长空间，但间距不要过大，避免营养液完全暴露在直射光之下，防止滋生绿藻。

5. 复合基质栽培

（1）栽培容器　复合基质栽培对容器没有特定要求，塑料箱、种植盆等均可（参见土壤栽培部分）。最常用的是聚苯乙烯泡沫塑料箱，这种容器隔热性好，夏季基质温度上升缓慢，有利于保护蔬菜根系。常用的泡沫箱长 37 厘米、宽 24 厘米、高 20 厘米，箱盖上可以打直径 10 厘米的孔，定植蔬菜后，从蔬菜顶部套入，这样可以减少水分蒸发，避免基质暴露，而且美观洁净（图 3-117）。另外，还要在泡沫箱的侧壁上距离底部 2～3 厘米处钻 2～3 个排液孔，这样，既能让箱底贮存少量营养液，又能让多余的营养液外流（图 3－118）。

图 3－117　泡沫塑料栽培箱

图 3－118　泡沫箱侧壁下部打排液孔

（2）管理技术

1）基质混配与装填　常用基质为草炭、蛭石或珍珠岩，通常按草炭 1 份或 2 份，蛭石（或珍珠岩）1 份的比例混合。基质混匀后装填，基质不要装满，要保证在定植蔬菜后基质表面距离箱口 1～2 厘米，以免营养液溢出（图 3－119、图 3－120）。

图 3－119　用草炭和蛭石配制复合基质

图 3－120　用草炭或珍珠岩配制复合基质

草炭之类的有机基质具有很强的缓冲性，基质中可以预混肥料，例如，每立方米中可加入硝酸钾 1 000 克、过磷酸钙 600 克、硫酸锰 14.2 克、硫酸锌 14.2 克、钼酸钠 2.4 克、硫酸铜 14.2 克、螯合铁 23.4 克、硼砂 0.4 克、硫酸亚铁 42.5 克，后面几种微量元素肥料可以少加或不加。对于预混肥料的基质，栽培过程中，可以用普通复合肥溶液浇灌，而不一定使用营养液。

2）育苗与定植　适宜栽培各种蔬菜，尤其适合栽培黄瓜、甜瓜、西瓜、番茄、辣椒、茄子等大株蔬菜。用复合基质进行穴盘育苗或营养钵育苗。定苗后向种植箱内填基质后浇水，使基质沉降，再用一些基质补平低洼处。

基质可以被重复使用多年，只是在定植下茬蔬菜前要用太阳暴晒或蒸汽对基质进行彻底消毒。

3）定植后管理　这种栽培方式与土壤栽培十分近似，技术十分简单，只需像浇水一样向基质浇灌营养液就行。但由于基质通气性强，植株生长迅速，水分容易蒸发，所以每1～2天就要浇1次，高温季节和蔬菜生长盛期1天可供液2次。经常检查排液孔，最好浇液后有少量营养液排出。

注意预防基质积盐。基质表面水分蒸发，盐分会留下，久而久之，基质表面盐分含量增高，甚至肉眼即能看到白色盐粒，容易引发茎基部病害，发现这种情况，就要停止供应营养液，而改供清水，用水洗盐。

对于不同蔬菜，采用不同的植株调整技术，如番茄、茄子可采用单干或多干整枝，菜豆、豇豆可采用支架或吊架，黄瓜要及时摘除底部老叶并盘蔓等。图3－121至图3－136为几种蔬菜复合基质栽培的效果，供读者借鉴、参考。

图3－121　复合基质箱培番茄

图3－122　复合基质箱培甜椒

图 3－123　复合基质箱培茄子

图 3－124　复合基质箱培菜豆

图 3－125　复合基质箱培落葵

图 3－126　复合基质箱培京水菜

图 3－127　复合基质箱培芥蓝

图 3－128　复合基质箱培西瓜

图 3－129　复合基质箱培草莓

图 3－130　炉渣、草炭和蛭石作基质栽培黄瓜

图 3－131　复合基质箱培金皮西葫芦

图 3－132　复合基质箱培大白菜

图 3－133　复合基质盆培紫背天葵

图 3－134　复合基质盆培辣椒

图 3－135　复合基质盆培赤茄

图 3－136　复合基质盆培朝天椒

6. 泡沫塑料立柱栽培　此装置可以自己购买原料制作、组装，用泡沫箱或塑料储物箱作贮液箱，将复合基质插管式泡沫塑料栽培柱安放其中，由贮液箱中放置的小水泵循环供液，立柱的高度自行设定，以适应不同的空间。栽培装置的结构和规格如图 3－137 所示。

（1）装置制作与组装

1）栽培柱

①中心柱。栽培柱的中心是由 6 层 2 厘米厚、12.5 厘米宽的泡沫塑料板绑在一起组装而成的泡沫方柱，最长长度 200 厘米（可根据空间高度调整），中心柱起支撑作用，内部包埋塑料供液管。

②侧壁板。每个立柱有 4 块聚苯乙烯泡沫塑料侧壁板，规格均为 200 厘米×18 厘米×2 厘米。每块侧壁板上打 2 列定植孔，同一列定植孔与相邻两孔间距为 25 厘米，两排定植孔交错排列，使蔬菜受光均匀。定植孔由打孔器烫出，自制打孔器的前端呈马蹄形，后部有手柄。制作时先用型材切割机将一小段直径 50 毫米的钢管截成切口呈 37°的马蹄形，而后用车床切削刃口，后部焊接长 50 厘米、直径 2 厘米的铁管作手柄，手柄上可套绝缘塑料管（图 3－138）。打孔时先在电炉上加热后，握住手柄，将打孔器首部摁在侧壁板上，向下压的同时向前推，即可在侧壁板上烫出一个斜的定植孔（图 3－139、图 3－140）。

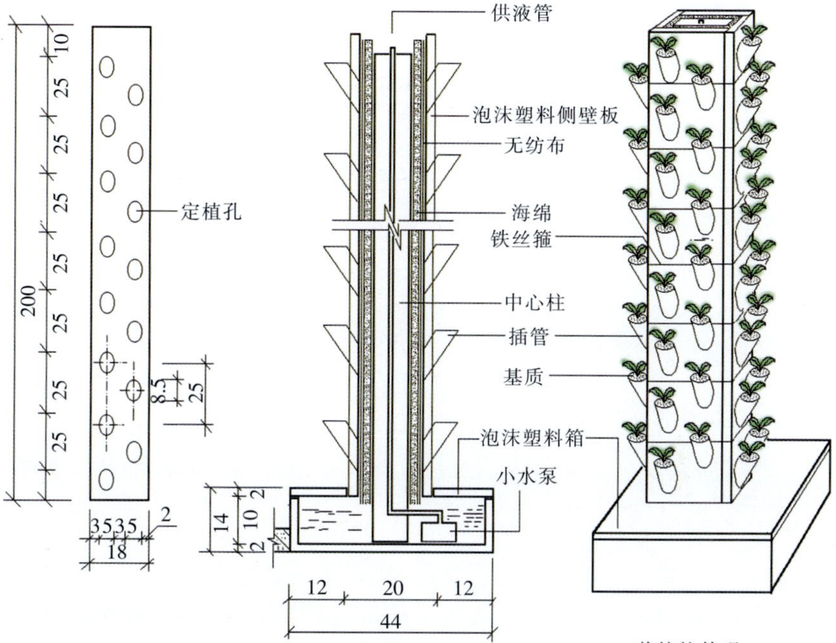

打好定植孔的泡沫塑料侧壁板　　栽培柱内部结构　　栽培柱外观

图 3－137　泡沫塑料立柱栽培装置结构图（单位：厘米）

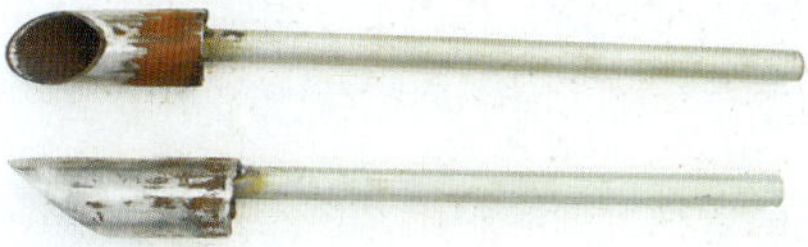

图 3－138　打孔器实物

图 3－139　打孔器加热方法

图 3－140　烫　孔

③聚氨酯与无纺布。选用价格低廉的大孔隙的低密度聚氨酯即可，选用 2 厘米厚聚氨酯片制作栽培柱时，裁成 200 厘米长、18 厘米宽的长方块。选用较薄的无妨布，幅宽 70～100 厘米，裁成 200 厘米长的方块。

④铁丝箍。将 10 号铅丝截成 85 厘米长的小段，而后用钳子折成边长 20 厘米的正方形，搭接处用电焊焊牢，形成一个封闭的方环（图 3－141）。也可用自制的钢筋扳手来折铅丝，效率更高（图 3－142）。

图 3－141　用普通的钳子折方环

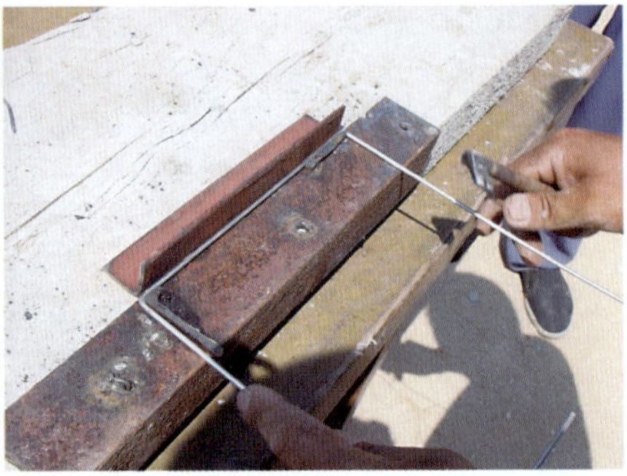

图 3－142　用自制钢筋扳手折方环

⑤插管。选用直径 50 毫米的 PVC 排水管，粗度与立柱侧壁板上的定植孔一致，用安装有自制卡具的型材切割机经两次切割，形成两个斜切面（图 3－143）。插管安插到栽培柱上以后，管口呈水平状态，所栽培的蔬菜呈直立状态，位于下方的切面角度为 37°，位于上方的切面角度为 63°，插管长 142 毫米（图 3－144）。

图 3－143　用型材切割机制作插管

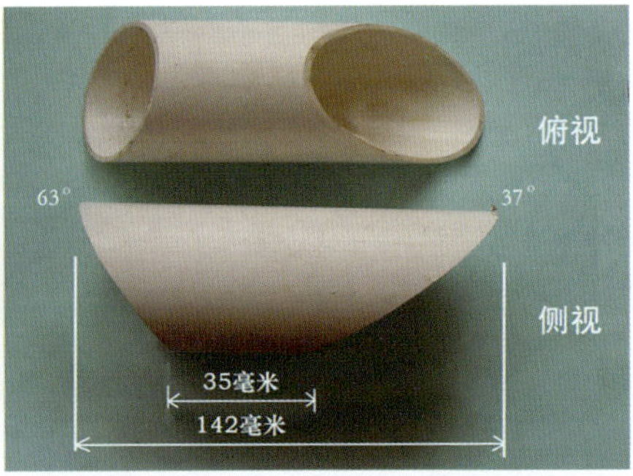

图 3－144　PVC 插管的规格

⑥栽培柱的组装。将组装立柱的中心柱、侧壁板、聚氨酯、无纺布、铁丝箍准备好，先用经裁切的聚氨酯包裹中心柱，并用胶带临时固定（图3－145）。而后在外面包裹无纺布，也用胶带固定（图3－146）。然后安放4块侧壁板，注意侧壁板内外、上下不可颠倒。在栽培柱的顶端，中心柱要比聚氨酯、无纺布以及侧壁板低5～10厘米，以防供液时营养液外溢。4个侧壁板边缘依次叠压，保证栽培柱的每个侧面都是20厘米宽（图3－147）。操作时一个人用手扶住侧壁板，另一个人从柱的一端套入铁丝箍，每隔2个定植孔就有一道铁丝箍，每个200厘米高的栽培柱有9道铁丝箍（图3－148）。

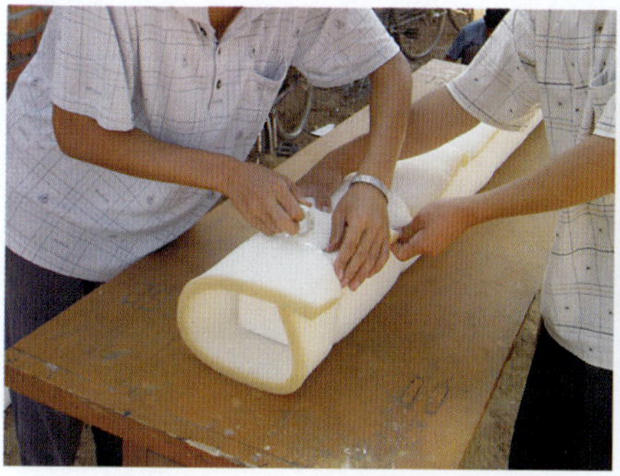

图3－145　包裹聚氨酯

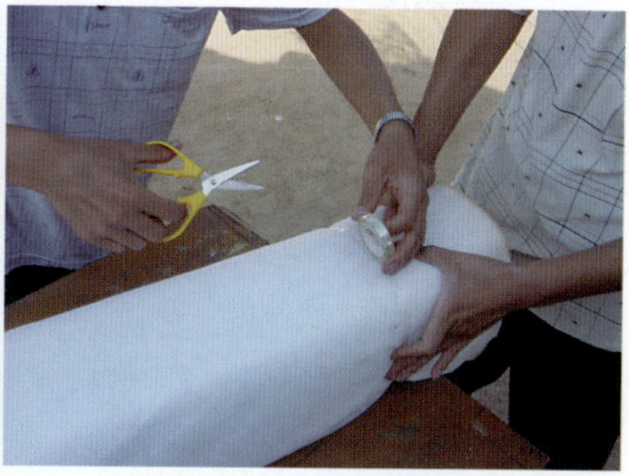

图3－146　包裹无纺布

图3－147　安放侧壁板

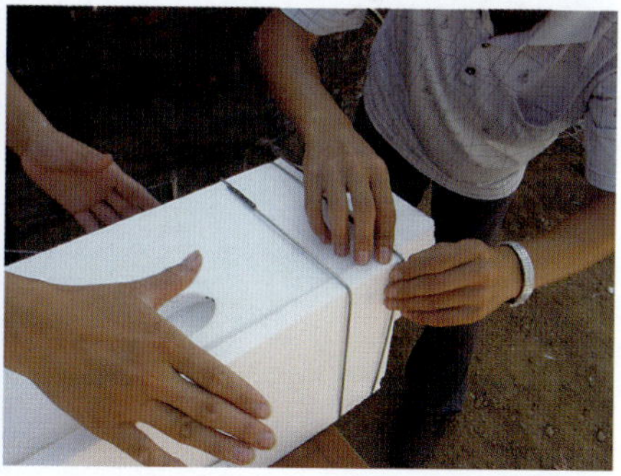

图3－148　套铁丝箍

2）循环系统　用泡沫塑料箱、塑料储物箱或大花盆等作盛装营养液的容器，容积应达到20升，以防营养液被抽干，水泵空转。

如果用泡沫箱，要铺厚0.1～0.2毫米薄膜防渗。根据立柱高度选择小水泵，购买时要确认水柱高度能超过立柱高度，比如，立柱高2米，小水泵功率应达45瓦以上，扬程2.5米。水泵出水口与中心柱中的供液管相连（图3－149）。开动水泵时能将贮液箱中的营养液输送到立柱顶端，然后再经立柱夹层中的海绵流回到贮液箱，如此循环往复（图3－150）。水泵开闭时间由定时器控制，尽量选用可存储记忆的电子定时器，也可用机械触点式的定时器。

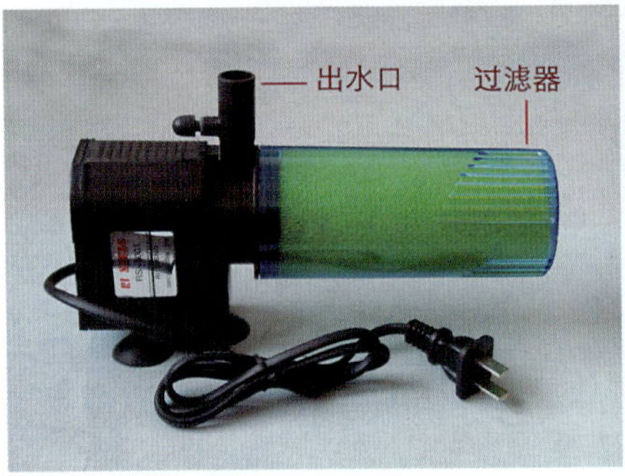

图3－149 小水泵

图3－150 立柱顶部供液管出液口

3）组装 贮液箱箱盖上开方洞，边长20厘米，用于安插栽培柱。并开小孔，用于引出水泵电源线（图3－151、图3－152）。

图3－151 在贮液箱盖上切割出方洞

图3－152 将立柱安插在贮液箱上

（2）管理技术

1）无土育苗 尽量使用128孔穴盘育苗，也可使用平底盘育苗。

用草炭和蛭石按1∶1（体积比）配置复合基质。每穴播种1～2粒种子，浇灌0.5剂量营养液，也可浇0.1%～0.2%的氮磷钾（15-15-15）复合肥浸提液，不能喷淋尿素。

2）基质的准备　用草炭、蛭石（或珍珠岩）按1～1.5∶1配制复合基质，加水拌湿。与普通的无土栽培相比，基质中蛭石（或珍珠岩）的比例较高，这是栽培技术中的一个关键，目的是促进蔬菜定植后缓苗，防止栽培初期发生沤根现象。实践表明，如果草炭∶蛭石（或珍珠岩）=2～3∶1，则蔬菜生长缓慢，并有死苗现象发生。

如果进行简化栽培，计划在栽培前期浇灌清水或复合肥浸提液，而不使用营养液，应在基质中预混肥料，每升基质可混入10克消毒鸡粪、1克磷酸二氢铵、1.5克硫酸铵和1.5克硫酸钾。如使用营养液则无需预混肥料。

3）定植　先用手心堵住插管底部，加入半量基质（图3-153）。而后用拇指和食指捏住穴盘中蔬菜幼苗的茎基部，将苗坨拔出，放入插管，再加入少量基质将插管填满，不要用手大力按压，防止压伤幼苗根系上细弱的根毛，延迟缓苗（图3-154）。将插管外壁擦干净，暂时放入周转箱等容器中（图3-155）。积累到一定数量后再将插管安插到栽培立柱上。上柱时，一手扶立柱，一手插插管，注意不要把立柱的侧壁撑破。插入后插管倾斜，而基质表面水平，蔬菜呈直立状态。中午前后上柱时，泡沫侧壁较脆，很容易被撑破，此时，最好先向立柱侧壁喷些水再上柱，上柱后立即供液（图3-156）。

图3-153　向插管中填入半量基质

图3-154　将幼苗定植到插管中

图 3-155 擦净插管

图 3-156 将插管插进立柱侧壁的定植孔

为提高栽培柱的利用率，也可以将插管先放在泡沫箱等容器中寄养，插管倾斜、植株直立，每天喷一遍 0.5 剂量营养液，待植株长大相互拥挤时再上柱（图 3-157、图 3-158）。

4）营养液管理　按前述营养液配制方法配制浓缩液，稀释成栽培液后注入贮液箱使用，每天供液 2～3 次，每次不少于 30 分钟，供液时间宁长勿短，要让基质有足够的时间吸水，供液时间由定时器控制。每天观察 1 次贮液箱营养液存量，避免营养液被抽干。基质有良好的缓冲性，栽培过程中不用进行浓度和酸碱度的调整。

图 3-157 生菜插管苗寄养

图 3-158 结束寄养的油麦菜插管苗

如果进行简易栽培，因有机基质（如草炭）中含有大量养分，并且预混了肥料，因此栽培过程中可用复合肥浸泡液代替营养液，所用浓度为0.2‰。

另外，还可以不使用定时器和水泵供液，而采用简单的人工浇灌的方法，用水壶向每个插管浇灌营养液、水或肥料溶液，需要注意的是定植时基质不要装满，以便存水。同时，为了减少营养液下渗，可以将立柱中的无纺布换为塑料薄膜，此时立柱仅仅起支架作用。

5）蔬菜管理　这种装置适宜栽培各种矮生叶菜，目前栽培成功的蔬菜有生菜（散叶型叶用莴苣）、落葵、蕹菜、紫背天葵、红梗叶菾菜、苦苣、京水菜等。叶菾菜生长势强，管理可以比较粗放，长大后掰取外叶食用（图 3－159）。生菜生长速度快，要注意光照不能太弱，否则容易抽薹，营养液如果缺铁容易黄叶，也是掰取外叶连续采收（图 3－160）。落葵病虫害少，容易栽培，但需要较高温度，低温下生长速度慢，采收时留下部 2 片老叶，掐取嫩叶和嫩尖食用，促进萌发新芽（图 3－161）。栽培过程中，既要注意使蔬菜健康生长，又要注意保持立柱上蔬菜的良好外形，提高观赏性（图 3－162）。

图 3－159　叶菾菜定植 15 天后状态

图 3－160　用小型立柱栽培的生菜

此外，利用这种装置的建造和栽培原理，还可以加以改进，建造特殊的壁墙，进行立面栽培，观赏效果更好（图 3－163、图 3－164）。

图 3-161 小型立柱栽培的落葵

图 3-162 高度 2 米立柱栽培的叶萘菜

图 3-163 美化墙壁的立面栽培

图 3-164 兼作屏风的立面栽培

7. 叠盆式立柱栽培

(1) 水培型叠盆式立柱栽培

1）注塑盆钵立柱栽培

①装置结构。立柱主要构件为盆钵，由 ABS 工程塑料注塑成梅花圆筒形，花瓣部分是定植孔。盆钵上每个定植孔安插一个定植

杯，定植 1 株蔬菜，上下相邻的两盆钵上的蔬菜植株错位排列，不会互相遮光。盆钵中有缢水管，是维持液位的主要构件，当营养液液位高于溢水孔位置，就会经溢水管流入下一个盆钵（图 3－165、图 3－166）。

图 3－165　盆钵结构

图 3－166　与定植孔孔径相同的水培杯

中心柱是直径 25～30 毫米，长约 2 米的热浸镀锌厚壁钢管、薄壁钢管、铁管或塑料管。盆钵中央有中轴管道，立柱的中心柱由此串联多个盆钵构成柱体。在柱体上，两盆钵通过盆钵上下的凹凸扣扣紧，使盆钵构成稳固的整体，并能围绕中心柱旋转，保证立柱上的蔬菜受光均匀。立柱底座为 15 厘米见方的水泥墩，中间有一直径 3 厘米、深 10 厘米的圆孔，用于插中心柱。

用泡沫塑料箱或塑料储物箱作贮液箱，用定时器控制下的小水泵供液，经聚乙烯输水管道将营养液输送到立柱顶端的滴灌盒，然后分四股水流注满盆钵，经盆钵溢水孔流入下一个盆钵，最后向下流回贮液箱液完成一个循环过程（图 3－167）。

一套栽培装置，可以只有 1 个立柱，也可以由多个立柱组合而成，立柱的高度也可以根据空间进行调节，立柱上端以及立柱之间，要用铁丝或角铁框架加以固定（图 3－168）。

②管理技术。这套系统可栽培生菜、紫背天葵、茼蒿、小白菜、苦苣、三叶芹、落葵等小株叶菜。用岩棉或蛭石育苗，叶菜幼苗具有 2～3 片真叶后移栽到水培定植杯中，用珍珠岩或石砾固定。启动水泵，向盆钵中加注营养液，将定植杯插入盆钵，营养液浸没定植杯底

部，盆钵中多余营养液会从溢水孔流入下一个盆钵，依次流回贮液箱。用定时器控制营养液循环，每间隔 50 分钟，供液 10 分钟，以增加营养液中氧气含量。

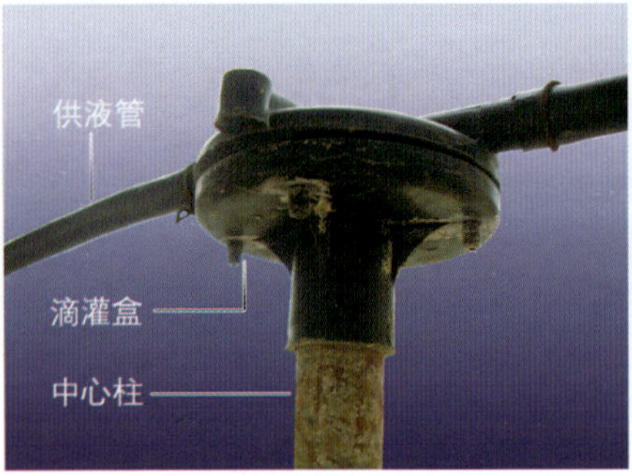

图 3－167　立柱顶部供液装置

图 3－168　多个立柱组合形成的栽培装置

2）自制 PVC 管盆钵立柱栽培

①装置制作。盆钵立柱由盆钵、中心柱、基座、贮液箱、小水泵、供液管道组成。

盆钵用 PVC 排液管自制，截长 15 厘米、直径 20 厘米的 PVC 管，管壁中部均匀开 6 个直径为 5 厘米的孔，其上安装 10 厘米长、直径 5 厘米的 PVC 管，称作栽培管。每个盆钵侧壁上安插 6 个栽培管，两两相对，均匀分布，相邻两管之间夹角为 60°。栽培管末端安装直径 5 厘米弯头，弯头开口向上，用于定植蔬菜。各个管件连接处用 PVC 专用胶水粘合。用厚度 5 厘米的聚苯乙烯泡沫塑料圆形板做钵底，钵底中央开孔，安插直径 6 厘米、长 15 厘米的 PVC 中心柱套管，将来中心柱由此穿过，将盆钵串联到一起。旁边贯通钵底安插溢液管，该管长 12 厘米，为一截聚乙烯塑料软管，溢液管管口距离钵底 7 厘米，保证盆钵加注营养液后栽培管中能充满营养液且深度适宜，栽培管定植口位置的蔬菜根系能伸到营养液中正常吸收养分和水分。钵壁、中心柱套管、溢液管、钵底之间用玻璃胶粘合（图 3－169、图 3－170）。

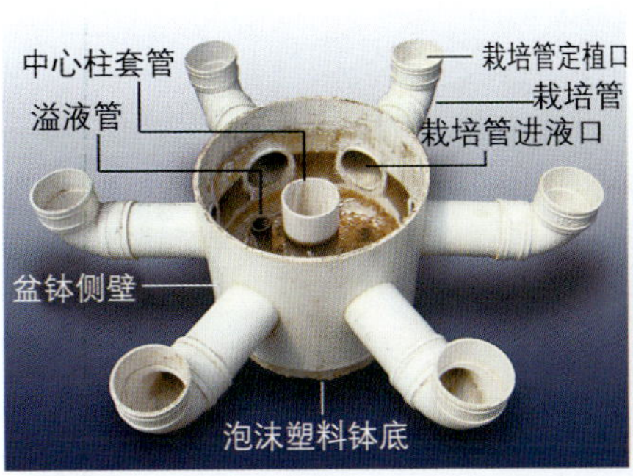

图 3-169　自制 PVC 管盆钵结构

图 3-170　盆钵上 6 个栽培管的相对位置

每个立柱由多个盆钵上下串联而成，盆钵数量依据空间高度调节。立柱底部为长 15 厘米、直径 20 厘米的 PVC 管做成的基座，其上叠放盆钵，上下相邻盆钵的栽培管相互错开，以利蔬菜生长。用直径 5 厘米的 PVC 管做中心柱，贯穿每个盆钵的中心柱套管，将盆钵串起来。将立柱树立于贮液箱中，贮液箱中安放小型潜水泵，供液管经中心柱延伸到立柱顶管，将营养液注满最上面的盆钵，之后营养液会以此向下，注满每个盆钵，最后流回贮液箱，完成一个循环（图 3-171、图 3-172）。

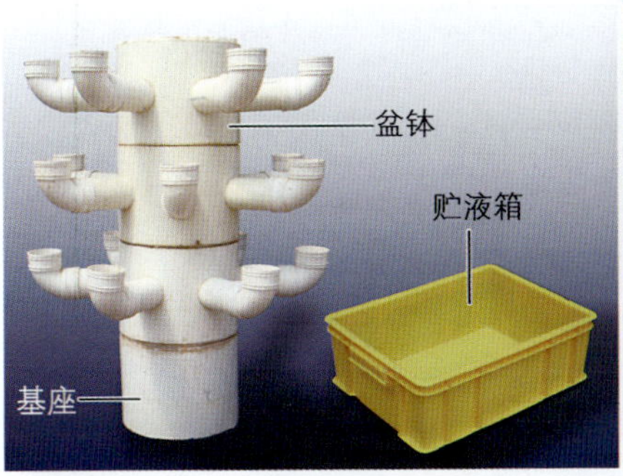

图 3-171　立柱的基本构成

图 3-172　立柱顶部的中心柱和供液管

②管理技术。这套系统主要用于栽培叶菜类蔬菜。用岩棉或蛭石育苗，幼苗具有 2～3 片真叶后挖出幼苗，洗净根系，用无纺布包裹，用海绵固定，采用静止深水培的方式进行寄养，当幼苗相互拥挤时定植（图 3-173）。在盆钵栽培管口位置，放置一个直径 5 厘米、厚 2 厘

米的圆形聚苯乙烯泡沫塑料片，相当于定植板，在圆片中央烫出直径 2 厘米的定植孔，将经过寄养的幼苗直接塞到定植孔中即可。幼苗根系的无纺布即可接触栽培管中的营养液（图 3－174）。用定时器控制营养液循环，每间隔 50 分钟，供液 10 分钟，以增加营养液中氧气含量。对于有些叶菜，如生菜、苦苣、叶菾菜，其根系抗低氧环境能力很强，营养液可以不进行循环增氧，进行静止水培，蔬菜也能生长，只是生长速度偏慢，此时盆钵只起到容器的作用，立柱只起到支架的作用，平时观察营养液消耗程度，及时从顶部补液即可，下部的贮液箱容积可以很小，只起到承接少量外溢营养液的作用（图 3－175、图 3－176）。

图 3－173　静止水培进行幼苗寄养

图 3－174　蔬菜的定植方法

图 3－175　旺盛生长的生菜

图 3－176　苦苣栽培柱

（2）基质培型叠盆式立柱栽培

1）栽培装置　盆钵由 ABS 工程塑料注塑成梅花圆筒形，花瓣部分是栽培孔。盆钵高 18 厘米，直径 18 厘米。盆腔中央有中心柱管道，栽培柱的中心柱由此穿过，串联起 12 个盆钵构成柱体。在柱体上，两盆钵通过盆钵上下的凹凸扣扣紧，使 12 只盆钵构成稳固的整体。立柱底座用 ABS 工程塑料注塑成圆盘形，高 3～5 厘米，直径 15～ 20 厘米。中心柱用直径 2 厘米的厚壁镀锌钢管制作，长度视所串盆钵数目而定，一般长 1.8～2.2 米，树立于底座之上。底座置于贮液箱中，供液方法同水培型盆钵立柱（图 3－177）。

图 3－177　立柱上栽培苦苣的盆钵

图 3－178　基质培盆钵立柱栽培的生菜

液温高于 30℃或低于 13℃时，特别是盛夏与寒冬，蔬菜容易出现生长异常现象，为维持正常生长，应尽量使液温维持在 15~20℃的适宜范围之内。

2）管理技术　以经高温发酵的废弃菇渣（食用菌培养基）为主要材料，混入蛭石、珍珠岩及少量生物有机肥，配制成复合基质，作为盆钵填充基质。在底座上装好中心柱，将装好基质的盆钵依次套入中心柱，注意钵与钵梅花形栽培孔互相错开，避免重叠，并使钵与钵之间的凹凸扣结合牢固，使数个盆钵成为一个整体。根据蔬菜不同生长发育阶段和需水需肥规律，灵活掌握供液量和供液次数，一般每天供液 1～2 次，每次 30 分钟；灵活掌握营养液浓度，需水、需肥高峰期前后适当提高浓度。

如果使用含有草炭的复合基质，也可以不进行营养液循环，可通过从顶部盆钵浇灌的方法供应营养液（图 3－178）。

还有一种栽培柱更为简单，盆钵是中空的五瓣体，高 20 厘米，直径 20 厘米，瓣间距 10 厘米。钵中装入复合基质，5 个瓣处定植 5 株蔬菜（图 3－179）。将 8～9 个栽培钵错开花瓣位置叠放在立柱上即成栽培柱（图 3－180）。直接从顶部盆钵浇灌营养液，再通过盆钵底部小孔流入下一个盆钵，依次顺流而下到达最下面的盆钵。

图 3－179　五瓣形基质培盆钵

图 3－180　基质培盆钵立柱及其栽培效果

四、芽苗菜栽培

芽苗菜具有较高的营养价值，在芽苗形成过程中，种子内部发生了活跃的化学变化，不溶性的大分子贮藏物质被转化为可溶性的简单物质，更便于人体吸收利用；芽菜中的维生素 A、维生素 B、维生素 E 等含量极其丰富；芽苗菜属于碱性食品，有助于调节人体酸碱平衡；多种芽菜中含有特殊物质，具有药效及保健功效。此外，芽苗菜栽培过程中只需清水，不需化肥、农药，生长期短，病害极少，可利用阳台阴暗的空间或在室内栽培。因此，芽苗菜是很适宜居民家庭培育的一种新型蔬菜。

（一）豌豆苗

1. 栽培用具 为提高空间利用率，需制作栽培架放置多层苗盘进行立体栽培。栽培架一般由角铁或方木为材料制成，尺寸以便于放置苗盘为宜，层与层之间的距离是关键，不得小于 40 厘米。用平底塑料育苗盘做栽培容器，规格为外径长 60 厘米，宽 25 厘米，外高 5 厘米，底部有透气孔眼。选择苗盘时要注意其底部外侧应有拉筋，以保证底部平整，不扭曲，不翘起。另外，还需准备报纸和手持式小型喷雾器。

2. 品种选择 目前常用的品种有青豌豆、麻豌豆、小荚荷兰豆、花豌豆、灰豌豆、褐豌豆等。选用种皮厚、发芽率高、生长迅速的种子。

3. 清选与浸种 播种前进行清选，剔除虫蛀、残破、畸形、发霉、腐烂、秕籽、特小粒和已经发过芽的种子和杂质。然后用清水将种子淘洗 2～3 次，再用种子体积 2～3 倍的水浸种 24 小时，冬季浸种时间可适当延长。浸种后淘洗种子 2～3 遍，轻轻揉搓、冲洗，漂去附着在种皮上的黏液，注意不要损坏种皮，沥干多余的水分（图4－1）。

图 4-1　浸　种

图 4-2　苗盘底部铺报纸

图 4-3　播　种

图 4-4　播种同时进行再次清选

4. 播种　将苗盘洗刷干净，曾使用过的苗盘可用漂白粉或洗涤剂消毒，再用清水冲洗干净。然后在盘底铺一层报纸或其他纸张（图 4-2），每盘播入种子 300～500 克（按干种计量），播种后苗盘底部刚好有一层或一层半种子。播种过多容易腐烂；播种过少，芽苗稀疏，不利保湿（图 4-3）。播种的同时，对种子进行再一次清选，主要剔除发育不成熟、颜色过浅的种子（图 4-4）。

5. 叠盘催芽　播种完毕，将苗盘叠摞在一起，上面再盖一个铺有报纸的空盘遮光保湿，将苗盘放在阴暗处进行叠盘催芽。苗盘叠摞和摆放的高度不可超过 1 米，如果苗盘多，每摞之间要间隔 2～3 厘米，以免过分郁闭、通气不良而造成出苗不整齐。为保持适宜的空气湿度，每摞苗盘的最上面还可覆盖一层湿麻袋片、黑布或双层遮阳网保湿（图4-5）。

图 4-5　叠盆催芽

图 4-6　播种 1 天后种子发芽

图 4-7　剔除烂种

图 4-8　喷　水

催芽期间的最适宜温度为 20～25℃，每天“倒盘”1 次，即将每“摞”上面的苗盘倒到下面，下面的移到上面，调换苗盘上下前后的位置，使苗盘所处环境尽量均匀，促进芽苗整齐生长（图 4-6）。在倒盘时，要用镊子将每个苗盘的烂种一一捡出，注意只捡烂种，不要碰好种子，更不要翻动种子。因为种子长出的胚根是向下生长的，如果翻动，胚根会因吸收不到水分而干枯（图 4-7）。倒盘后，用手持式小喷壶向种子表面喷清水，水量不要过大，以免发生烂种，主要是凭经验掌握喷水量。倒盘和喷水的时间应选在每天上午 10 时前后，因为中午温度高，光照强，如果未能及时补充苗盘水分，种子会在中午因缺水而干枯。在高温季节，每天要喷 2 次水（图 4-8）。

通常 4～7 天即可出盘。出盘是指将叠放在一起的苗盘分开，分层放置在栽培架上，使其见光生长，出盘时间应尽量延后，出盘时豌豆芽苗高3～4厘米，此时芽苗顶端已经顶到上层苗盘的底部，再不出盘，芽苗就只能弯曲生长。出盘过早会增加出盘后的管理难度，芽苗生长难以整齐一致。

6. 出盘后的管理

(1) 光照管理 刚出盘的苗盘应放在光照较弱的位置，室内不见直射光的环境比较适宜，光照管理的总原则是尽量避免强光。如果在开放阳台上要覆盖2层黑色遮阳网遮光（图4－9）。光照过强，除会导致芽苗纤维含量提高，品质降低外，还会加速苗盘内的水分蒸发，如喷水不及时，幼苗会干枯而死，而且，强光还会抑制芽苗增高。为使豌豆苗受光均匀，每天要倒盘1次，变换苗盘位置，栽培架上部苗盘要搬到下部，并调换前后位置（图4－10）。

图4－9 刚刚出盘的豌豆苗

图4－10 倒 盘

(2) 温度管理 芽苗菜出盘后所要求的温度虽然没有叠盘催芽期间严格，但白天温度不应高于25℃，夜间不应低于16℃。在上述温度范围内，对豌豆苗来讲，温度宜低不宜高。如果温度过高，种子表面会长出“白毛”，出现烂种，甚至成片腐烂。通风可降低空气温度，避免烂籽，并能补充豌豆苗生长过程中消耗的二氧化碳。因此，在温度能够得到保障的时候，每天应通风1～2次，即使在低温季节，也要进行“短时通风”。

(3) 水分管理 苗盘里铺的仅仅是1～2层纸，持水能力差，而且生产出的豌豆苗要求鲜嫩多汁，因此，在生产过程必须频繁地喷水。采用“少量多次”的喷水方式，冬天每天喷淋2次水，温度低喷1次，夏季每天喷淋3次水。喷水要均匀，先喷上层。喷水量掌握在喷淋后苗盘内纸张湿润，苗盘底部有水滴，但不大量滴水，倾斜苗盘不能倒出大量的水为度。生长前期喷水量要小，生长中后期稍大。北方干燥的冬季，在室内栽培芽苗菜，有明显增高室内湿度的作用（图 4－11）。

图 4－11　室内栽培豌豆苗

图 4－12　达到采收标准的豌豆苗

7. 收获　豌豆苗生长期短，采收要及时，采收过早，会影响产量；采收过晚，会影响品质。一般当豌豆苗长至 5 厘米高时即开始采收，长至苗高约 15 厘米时，顶部小叶已经展开仍可采收，但只切割梢部 7～9 厘米，每盘可产 350～500 克。在正常的管理条件下，高温季节 10 天，低温季节 20 天即可生产一茬豌豆苗（图 4－12）。

（二）萝卜苗

1. 品种选择　适合生产萝卜苗的品种应具备纯度高、粒大、发芽率高等特点，常见品种有石家庄白萝卜、绿肥萝卜、大青萝卜、大红袍等。

2. 种子处理　用清水将种子淘洗两遍，去掉杂质、瘪籽，然后再浸种 3～4 小时，随后将种子捞出、沥干，在室内稍加晾晒，不要见阳光，当种子表面水分蒸发而不粘手时即可播种。

3. 播种上盘　方箱中加清水，然后将平底育苗盘底部沾湿，注意苗盘侧壁内侧不要沾水（图 4－13）。将苗盘取出，盘内底部铺一层吸水性强的卫生纸，盘底的水分很快就会使卫生纸湿透，把卫生纸粘在盘底（图 4－14）。舀一勺种子倒入铺好纸的苗盘，端平苗盘，左右晃动，让种子铺满盘底，下层接触卫生纸的种子会被粘住，而由于苗盘侧壁是干燥的，所以侧壁上不会粘住种子。然后将苗盘倒扣，把没有被卫生纸粘住的种子倒出来，用于播种下一个苗盘。此时，播种的苗盘底部恰恰覆盖的一层种子，既无空隙，也不重叠，每盘播种量约合干种子 50 克（图 4 - 15）。之后，将播好种的苗盘叠放，覆盖保湿盘和遮阳网、湿布、麻袋片等保湿，进行叠盆催芽（图 4 - 16）。催芽期间，只需每天喷水两次，不必剔除烂种。

图 4 - 13　浸湿苗盘底部

图 4 - 14　苗盘底部铺卫生纸

图 4 - 15　播　种

图 4 - 16　叠盘催芽

4. 出盘及出盘后管理　苗高 5 厘米左右时出盘上架，但仍要保持弱光甚至黑暗环境（图 4 - 17）。萝卜苗喜温暖、湿润的环境，不耐干旱和高温。每天喷水 2～3 次，但应避免因浇水过多或不匀产生局部积水，引起烂种。温度保持在 25℃左右，在 10～25℃范围内温度越高，萝卜芽生长越快。温度过高容易烂种。

图 4－17　出盘时萝卜苗状态

图 4－18　绿化后即可采收

5. 绿化采收　当苗高长至 8～10 厘米时，将遮光物揭去，使之见散射光 1～2 天，幼苗由白变绿，完成绿化过程（图 4－18）。萝卜芽采收要及时，一般播种后 5～7 天即可采收，收获晚容易成片腐烂。

（三）其他芽苗菜

除豌豆苗、萝卜苗之外，如有兴趣，也可以试验其他不常栽培的芽菜，比如黑豆芽、香椿芽、红豆苗、荞麦芽、芫荽苗、绿瓣大豆芽等。各种芽苗菜有不同特点，但栽培技术大同小异，荞麦芽、芫荽苗、红豆苗培育可以参照豌豆苗技术，其中红豆苗不用剔除烂种，技术简单，很容易成功，但红豆苗风味较差（图 4－19、图 4－20）；黑豆苗需要用泡沫箱作栽培容器；香椿芽要在苗盘中铺珍珠岩作为栽培基质；绿瓣大豆芽则最好使用沙子作为栽培基质。

图 4－19　芫荽苗

图 4－20　红小豆苗

五、病虫害防治

（一）虫害防治

对于阳台蔬菜，虫害要比病害严重。对于较大的食叶蛀果害虫，可以用人工直接捕捉的方法，需要重点防治的是蚜虫、白粉虱、潜叶蝇、叶螨等体型微小、数量众多、繁殖迅速的害虫。由于家庭种菜的特殊性，防治害虫通常采用安全无害的生物或物理方法，一般不使用化学农药。

1. 虫害识别

（1）蚜虫 蚜虫的成虫和若虫在叶片背面及嫩梢、嫩茎上吸食汁液。嫩叶及生长点被害后，叶片卷缩，生长停滞，提前干枯。为害阳台蔬菜的蚜虫主要是瓜蚜，其无翅孤雌蚜体长1.5～1.9毫米，夏季多为黄色，春、秋为墨绿色至蓝黑色。有翅孤雌蚜体长2毫米，头、胸黑色（图5－1）。

图5－1 蚜虫及为害状

图5－2 美洲斑潜蝇及叶片受害状

（2）**潜叶蝇** 为害阳台蔬菜的潜叶蝇种类主要是美洲斑潜蝇，以成虫吸食叶片汁液，造成近圆形刻点状凹陷。幼虫在叶片的上下表皮之间蛀食，造成曲曲弯弯的隧道，隧道相互交叉，逐渐连成一片，导致叶片光合能力锐减，过早脱落或枯死。成虫体长 2.0～2.5 毫米，背黑色。幼虫是无头蛆，乳白至鹅黄色，长 3～4 毫米，粗 1.0～1.5 毫米。蛹橙黄色至金黄色，长 2.5～3.5 毫米（图 5－2）。

（3）**温室白粉虱** 成虫和若虫吸食植物汁液，被害叶片褪绿、变黄、萎蔫，甚至全株死亡。成虫能分泌蜜露，污染叶片和果实，导致煤污病。成虫体长 1～1.5 毫米，淡黄色，翅面覆盖白蜡粉，俗称“小白蛾子”。喜黄瓜、茄子、番茄、菜豆等蔬菜，常群居于嫩叶叶背，所产之卵以卵柄从气孔插入叶片组织中，极难脱落。若虫孵化后 3 天内在叶背可做短距离游走，当口器插入叶组织后就失去了爬行的机能。此虫繁殖适温为 18～21℃（图 5－3）。

图 5－3 群集于叶背的白粉虱成虫

图 5－4 朱砂叶螨成虫及叶片受害状

（4）**叶螨** 为害阳台蔬菜的主要是朱砂叶螨，以若螨和成螨在叶背吸取汁液，受害叶片出现灰白色或淡黄色小点，严重时，整个叶片呈灰白色或淡黄色，干枯脱落。雌螨体长 0.5 毫米左右，椭圆形，锈红色或深红色。集中在叶片背面吐丝结网，栖于网内刺吸植物汁液，并在其内产卵。成、若螨靠爬行或吐丝下垂近距离扩散。气温 29～31℃、空气干燥有利于朱砂叶螨繁殖（图 5－4）。

2. 虫害防治

（1）**植物源杀虫剂** 一些植物含有生物碱及毒素，在实践中，人们将这些植物进行简单加工自制植物源杀虫剂，这类杀虫剂通常安全无害，但药效比较慢。主要经验有：将大蒜瓣4～6个捣烂成泥加水150克左右浸泡4小时，煮沸、冷却、过滤后喷雾，可防治蚜虫、叶螨；大葱1根捣烂成泥，加水250克，过滤后喷洒可防治蚜虫；洋葱10克，捣烂后加水400克，浸泡一昼夜，过滤喷洒可防治蚜虫、叶螨；鲜丝瓜50克和叶片捣烂加水10倍，取过滤液喷洒，可防治蚜虫和叶螨；尖辣椒50克加水1 000克，煮30分钟，凉后取浸泡液喷洒，可防治叶螨和蚜虫；马尾松松针500克加开水1 000克，密闭浸泡2小时后过滤喷雾，可防治白粉虱；侧柏叶捣烂后加等量水，榨出汁液，再加水2倍喷洒，可防治蚜虫；桑叶100克加入500克水，小火煮开1小时，过滤，加4倍水后喷洒，可防治叶螨；柳树叶捣烂，加水3倍，浸泡半日，过滤后直接喷洒，可杀灭蚜虫；除虫菊的花中含有除虫菊素，将除虫菊的花捣烂加水，花水比例为1∶5，浸泡1天后过滤，用滤液喷洒，能杀灭蚜虫；花椒200克加水10倍煮成原液后再加10倍水稀释喷雾，可防治白粉虱；柑橘皮浸泡液（1∶10～20）喷蔬菜，对蚜虫有驱避作用（图5－5）。

（2）自配药剂　用酒精轻轻地反复擦拭受害叶面，能杀死叶螨；用烟蒂浸泡在水中一昼夜，而后用刷子或毛笔蘸烟液涂抹可杀灭蚜虫；用草木灰500克，对水2.5千克，浸泡一昼夜，滤去杂质后，用滤清液喷洒受害的植株，可有效地杀死蚜虫。用1克洗衣粉加水100～180克调匀，每周喷洒1次，洗衣粉堵塞蚜虫的气孔，能使之窒息死亡，连续治2～3次可控制蚜虫。注意选用中性洗衣粉，若发现嫩叶有灼伤现象，可及时喷些清水将残液冲洗掉；将风油精稀释600～800倍液喷雾，可防治蚜虫、叶螨。

图5－5　喷雾防病

图5－6　黄板诱杀蚜虫、白粉虱

(3) 物理防治 黄板诱杀，蚜虫、白粉虱对黄色具有趋性，可以在阳台悬挂黄色木板或纸版，其上涂抹抽油烟机排出的废油，吸引害虫并将其粘住杀死（图5-6）。另外，还可以在可乐瓶、矿泉水瓶中塞入烂苹果，少量水，去掉瓶盖，悬挂在阳台上，可以将小型害虫诱至瓶中，在水中溺死。

(二) 病害防治

1. 病害识别 如果蔬菜种子进行了消毒，封闭阳台上栽培蔬菜病害比较少。但由于空气干燥，可能得白粉病（图5-7）。开放阳台栽培的蔬菜，在雨季容易得黑斑病、黑霉病、霜霉病等（图5-8）。其他病害还有很多，读者可参考相关书籍识别、防治。

图5-7 黄瓜白粉病

图5-8 番茄黑霉病

2. 病害防治 阳台种菜，对病害建议以防为主，以治为辅，从种子消毒开始，注意预防，即使发病，也不建议使用化学农药，通常采用摘除病叶，或剪除叶片病斑，并辅助喷植物源农药或无害物质配制的农药。比如，把松针捣碎，加水30倍浸泡，喷浸泡液可抑制病害；侧柏捣碎，加水10倍浸泡，浸泡液可防治锈病；用韭菜汁加水60倍混合过滤后，每日喷过滤液1～2次，可抑制黑霉病、黑斑病等多种病害；把臭椿的枝干树皮用15倍的水浸泡1天，浸泡液可防治锈病。此外，用生石灰掺水调成石灰乳液喷雾，可防治茎枯病、炭疽病、软腐病等病害；用0.1%小苏打溶液喷受害植株，可治疗白粉病。

图书在版编目（CIP）数据

图说阳台种菜 / 王久兴，王建华，李沫编著．—北京：中国农业出版社，2011.12
ISBN 978-7-109-16347-8

Ⅰ. 图… Ⅱ. ①王… ②王… ③李… Ⅲ. ①蔬菜园艺-图解 Ⅳ. ①S63－64

中国版本图书馆 CIP 数据核字（2011）第 257680 号

中国农业出版社出版
（北京市朝阳区农展馆北路 2 号）
（邮政编码 100125）
责任编辑　孟令洋

中国农业出版社印刷厂印刷　　新华书店北京发行所发行
2012 年 2 月第 1 版　　2013 年 6 月北京第 2 次印刷

开本：880mm×1230mm 1/32　　印张：3.75　　插页：1
字数：120 千字
定价：24.00 元